启真馆 出品

科研心理学

唐孝威 万群 著

ZHEJIANG UNIVERSITY PRESS
浙江大学出版社
·杭州·

图书在版编目（CIP）数据

科研心理学 / 唐孝威，万群著 . —杭州：浙江大
学出版社，2024.6
（"意识与脑科学"丛书）
ISBN 978-7-308-24525-8

Ⅰ . ①科… Ⅱ . ①唐… ②万… Ⅲ . ①科学研究—心
理学 Ⅳ . ①G3-05

中国国家版本馆CIP数据核字（2024）第001071号

科研心理学

唐孝威 万 群 著

责任编辑	叶 敏	
责任校对	黄梦瑶	
出版发行	浙江大学出版社	
	（杭州天目山路148号 邮政编码310007）	
	（网址：http：//www.zjupress.com）	
排 版	北京辰轩文化传媒有限公司	
印 刷	北京中科印刷有限公司	
开 本	635mm×965mm 1/16	
印 张	16.5	
字 数	215千	
版 印 次	2024年6月第1版 2024年6月第1次印刷	
书 号	ISBN 978-7-308-24525-8	
定 价	79.00元	

前　言

　　人的行为是由心智活动（有别于动物的心理活动）引导的。人的行为在不同种类的领域中既依赖于共同的心理规律，又体现了与特定领域相关心理规律的作用[1, 2]。

　　心理学有许多分支学科，其中有基础学科和应用学科。人类实践活动的种类很多，心理学的各种应用学科分别研究不同种类的实践活动领域中人的心理和行为以及它们的规律。心理学已经对工程、教育、医疗等人类许多应用领域中人的心理和行为进行了多方面的研究，相应地建立了工业心理学、教育心理学、医学心理学等许多分支学科[3]。

　　科学研究是人类一种重要的实践活动，人类通过科学研究探索未知、认识自然、发明创造、改造自然。在科学研究的实践活动中，科研工作者表现出与在其他实践活动中不同的心理和行为。迄今为止，心理学还缺乏对科学研究的实践活动中人的心理和行为以及它们的规律的专门研究。

　　鉴于这一情况，我们尝试在现有实验资料的基础上，建立一门新的心理学分支学科，即科研心理学（Psychology of Scientific Research）。这是一门关于科学研究的实践活动中人的心理和行为以及它们的规律和应用的学科，通过研究科学研究工作的特点以及科研工作者的心理现象，来了解科学研究的心理规律。相信这门分支学科能够对科学研究实践活动的发展起到积极的推动作用。

1

需要指出的是，我们所提出的科研心理学（Psychology of Scientific Research），不同于科学心理学（Psychology of Science）。科学心理学所关注的，是科学思维或科学范式背后的心理学基础[4]；而科研心理学关注的是科研活动中的心理规律，不但包括科学思维，还包括研究活动（比如实验、动机和成就等）、群体协作、组织规律等等。可以说，科研心理学的关注点，是科研活动的整个系统背后的心理学规律。

科学研究的实践活动中既有科研工作者个体的心理和行为，还涉及科研工作群体的心理和行为，以及与科学研究实践活动相关的社会心理和行为。因此，科研心理学的内容包括个体的科研心理学、团队和组织的科研心理学以及社会的科研心理学。

科研心理学的研究要和脑科学的研究结合起来。心智是脑的高级功能，脑是心智的物质基础，必须把心智与脑集成在一起进行研究，这就是脑与心智科学的研究。在科学研究实践活动中，不仅要开展科学研究实践活动中心理学的研究，而且要扩充科研心理学的研究范围，进一步研究科学研究心理现象的脑机制，建立关于科学研究实践活动的脑与心智科学的学科。

本书包括以下四部分：一、科研心理学概述；二、个体的科研心理学；三、团队与组织的科研心理学；四、社会的科研心理学。

本书初稿完成后，浙江大学心理系钱秀莹教授进行了审阅并提出意见，浙江大学心理系徐亮、韩剑、孙造诣等多位研究生给予了协助，特此致谢！

本书的写作和出版得到浙江省科技厅的资助。

参考文献

[1] Ajzen I. Perceived behavioral control，self-efficacy，locus of control，and the theory of planned behavior[J]. *Journal of Applied Social Psychology*，2002，32

（4）: 665-683.

[2] Armitage C J, Conner M. Efficacy of the Theory of Planned Behaviour: a meta-analytic review[J]. *The British Journal of Social Psychology*, 2001, 40（Pt 4）: 471-499.

[3] Science of Psychology[EB/OL]. http://www.apa.org/action/science/index.aspx.

[4] Feist G J. Psychology of Science as a new subdiscipline in psychology[J]. *Current Directions In psychological Science*, 2011, 20（5）: 330-334.

目　　录

第一篇　科研心理学概述

1.1　科研心理学——心理学的一门新的分支学科

科学研究（常简称为"科研"）是人类重要的活动。人类通过科研探索未知，认识自然，发明创造，进而改造自然。

科研是由科研工作者来进行的，因而科研工作者的心理过程和心理特性对科研的过程和成效有很大的影响。科研成果的取得，是科研的条件和环境、机遇以及科研工作者的心理特性等因素共同影响的结果。如果环境相似，心理特性就在其中起到核心作用。这里的心理特性包括智力因素、认知因素、个性因素、群体和组织因素、文化因素等等。结合科研活动，将这些心理特性条分缕析，掌握并应用其中的原理和规律，便是科研心理学的任务。

什么是科研心理学？从学科的角度来说，需要定义它的研究对象、研究特征、研究方法、学科的派生来源、研究目的和目标等五个方面。综合地说，研究科研活动中的心理（包含个体、群体、组织、社会）规律以及这些规律在科研活动中的应用，既要考察心理学的一般规律在科研这样的专门领域的特殊性，也要利用科研活动的场景去研究普遍的心理学问题 [1]。从主要的内容来说，科研心理学应当定义为应用心理学的一个分支，研究中遵循心理学的范式和研究方法。需要特别指出的是，作为当代的心理学分支，科研心理学自然会应用脑科学的成果和研究手段[2,3]。

为什么要专门建立科研心理学这门学科？从理论方面来说，有以下两点：

第一，科研活动是人类最重要的活动之一，科研活动既是现实社会中提升劳动生产率的最核心力量，也是理论社会中寻求人类终极意义的主导力量。和所有的人类活动一样，科研活动受到人的心理规律的驱动和制约[4]，了解和掌握这些规律及其驱动和制约不但会深化人们对科研活动自身的认识，而且会对科研活动起促进作用。第二，由于科研人群和科研活动的特殊性，基础心理学的理论并不都能直接应用于科研的场景。在社会中真正专注于科研的人群往往属于较小的群体，科研活动也有显著不同于其他人类活动的特征。虽然对科研活动的某些具体方面，已经有过一定的研究，但是全面系统地研究分析科研活动的材料还有所欠缺。建立科研心理学这门学科，研究和认识科研工作者心理和行为的规律，扩大了心理学理论的研究范围，对丰富和完善心理学的基础理论也有其推动作用。

科研心理学的研究范围包括哪些？科学研究是非常复杂的过程。科学研究工作有实验、理论、模拟、观测、计算、应用等多种形式。科学研究过程的不同阶段具有不同的特点。在各种不同的学科领域中，科学研究工作也各有特点。本书所涉及的科研心理学研究范围，限定在科研工作者进行不同形式和不同领域的科学研究工作中心理和行为的一般规律。

科研心理学主要研究科研工作者个体在科学研究工作中的心理过程和心理特性。个体的科研心理和行为涉及科研工作者个体的认知和情感、人格和个性、教育和发展等许多方面[5]。此外，科研心理学也研究团队、组织和社会的科研心理[6]。因此科研心理学包括个体的科研心理学、团队和组织的科研心理学，以及社会的科研心理学。

1.2　科研心理学与心理学

为了进一步定义科研心理学，我们先介绍一下心理学的基本情况，以便在心理学的大框架下，给予科研心理学更清晰的定位。

1.2.1　心理学简介

心理学（Psychology）是研究人类或动物的心理现象的表现和规律的学科。所谓"心理"，有两层含义。一是经典意义上，相对于"物理"的，主观世界（心）的规律（理）。二是科学意义上，人类或动物对刺激（Stimulus）的响应（Response）的表现和规律。为了适应不同的流派，对刺激和响应的定义可以比较宽泛。比如，刺激可以包括外部环境的刺激和内部的刺激；响应，则可以包括知觉、决策、行为、情绪、体验和意识等。现代的心理学已经大大超出了研究"精神世界"的范围。

人类的心理现象是心理学的主要研究对象；而对动物的心理现象的研究则有助于加深对人类的心理现象的理解。这是由于一方面人类是进化当中的一环，考察心理现象在进化链上的演化，其特征和规律就自然反映出来了；另一方面，动物研究可以采用一些损伤性的研究手段，以获得更精细的观察或者探究因果关系。

心理现象可分为心理属性和心理过程两个部分。心理过程包括个体的认知、动机、情感、意志和行为，也包括群体的认知、演化、行为和绩效，同时还包括个体与社会文化的相互作用。心理属性包括个体的认知风格、人格类型，也包括群体和组织的结构和特征。

心理学的研究范围跨越了自然科学和社会科学。根据研究问题的不同，心理学研究既会采用严格控制的实验，也会有问卷、访谈、调查等社会科学常用的研究手段。在心理学内部，随着脑科学和认知科学的发展，即使原来传统的社会科学领域的问题，如经济行为、决策行为、道德等等也逐渐地引入了实验手段。从整体上看，心理学的研究横跨了自然科学和社会科学，目前其自然科学的属性正在快速扩展。

1.2.1.1　心理学的起步

一、心理学的起源

和其他所有学科一样，早期文明对心理学问题的探究属于"古典哲学"，这个阶段可以称为心理学的"古典哲学"阶段。所谓的"古典哲学"阶段，就是没有形成科学范式之前，主要依靠从经验中通过类比、想象等心理活动，试图去理解自然界的一种思维范式。

比较幸运的是，古希腊的哲学传统比较重视逻辑，形成了较为完整的逻辑体系，所以，古希腊哲学对心理学的讨论，不仅有历史意义，同时也指出了心理学研究的很多终极问题。在古希腊语中，"心理学"这个词由"灵魂"（ψυχή）和"研究"（λόγος）所组成，成为现代心理学（psychology）名称的源头，可以认为中文的心理学（心 - 理 - 学）也因此而得名。亚里士多德（Aristotle）的《论灵魂》是西方最早的一部主要以人的心理为论述对象的著作，在古典哲学的范式（结合人的直观经验和体验在一定的逻辑框架下思辨）下，进行心理学的讨论[7]，得出了灵魂和躯体无法区分的结论，并且界定了五感（视觉、听觉、触觉、嗅觉和味觉）和五感所对应的感觉器官。可以说，亚里士多德几乎达到了纯粹靠直观经验和逻辑思考所能达到的极限。

在心理学的古典哲学时期，人们主要探讨心身关系、先天和后天、自由意志是否存在、知识的起源等四类问题。在这个时期，提出了一元论、二元论、环境决定论、精神决定论等论题，大部分至今依然是心理学的主要问题。近代的哲学家也在继续讨论心理问题，但是主要是从哲学理论自身的需要进行讨论，哲学与当代的心理学研究渐行渐远，科学思维和科学实验替代了哲学思辨，成为推动心理学发展的主要动力。

心理学从古典的思辨的范式，进化到科学的范式，依赖事实的积累和思维的进化。其中，不断涌现并加以记录的实践和观察的结果是所有变化的基础。中世纪的科学贡献主要来自阿拉伯学者，中世纪包容的伊斯兰文化，是文明发展的重要推动力量。阿拉伯学者阿尔哈金（Alhazen，或译为海什木）发表了著作《光学》（*Kitab al-Manazir*，成书于 1011 年至 1021 年之间），他在研究光学的过程中，开创了物理、数学和逻辑结合的思想，开创了控制实验条件的实验方法，并通过实验方法验证了视觉是由物体反射光线进入眼球而产生的，并且系统地研究了双眼视差、色彩、眼球系统等。另外，8 世纪初的穆斯林医生建立精神病医院，专科治疗心理疾病，开创了临床心理学的先河。可以说穆斯林学者带来了重视实践、重视数学和实践相结合的思潮，是沟通古典的希腊文明和现代科学文明的桥梁，带来了现代科学文明的曙光。

二、现代心理学的诞生

1879 年，世界上第一个以心理学家自称的学者冯特（Wundt），在德国莱比锡大学创立了世界上第一个心理实验室，用实验的手段研究心理现象。冯特坚持用观察、实验以及统计等基于事实找规律的方法揭示心理过程的规律。冯特的《生理心理学原理》一书被誉为"心理学独立的宣言书"。在冯特之前，19 世纪生理学和物理学的发展，为科学心理学的诞生提供了基础条件，它们包括三方面的内容，一是实验手段，二是记录习惯，三是分析方法。在此基础上，韦伯（Weber）首先确立了感觉的差别阈限定律；费希纳（Fechner）发展了韦伯的研究，确定了外界物理刺激强度和心理感知强度之间的函数关系。这些研究揭示了心理现象有其规律性，而且这种规律性可以用科学方法加以研究，为后来者扫清了理论障碍，其意义堪与维勒（Wöhler）合成尿素从而开创了有机化学的研究相比。

自从打开了禁锢，有了明确的学科定位、研究范式，并且不断吸收其他科学和技术发展的成果，心理学的成果就不断地深入，应用也日益广泛（参考 1.2.1.2）。

1.2.1.2　心理学的主要分支

人类活动都伴随着心理过程，因此，心理学的研究覆盖了广泛的领域。从研究内容上来说，心理学主要分为理论心理学和应用心理学两大领域。理论心理学关注心理现象的本质规律，这些规律可以是心理模型、生理和神经基础，甚至数学模型，也可以是进化链上的演化和动力学特征。应用心理学主要关注心理学的理论在各个专门领域的应用；同时由于专门领域的特殊性，也会关注在专门领域内所特有的心理现象的表现和规律。

一、理论心理学

理论心理学主要研究心理现象背后的基础规律，回答的是为什么会有各类心理现象的问题。根据研究对象的不同，理论心理学可以划分成如下的分支：

生理心理学

生理心理学从人体生理和神经生理、神经解剖、神经生物化学、神经功能等方面探究心理现象的生理基础和机制。这个领域的方法和成果是心理学的自然科学属性的主要成分。当代生物技术和成像技术的发展，大大提升了生理心理学的研究能力，使之成为心理学的重要分支。生理心理学，还可以细分为神经心理学、动物心理学等分支。

认知心理学

认知是指脑内的信息加工，认知心理学关注人在信息加工过程中所涉及的各种心理活动（主要包括感知觉、记忆、言语、思维等）的表现和规律。随着人们对信息的理解加深，认知心理学表现出强大的解释力和适应性，成为当代心理学的主流；在一定的科学视角下，可以说认知心理学成为心理学的同义词。另一方面，认知心理学还是更广泛的认知科学的重要组成部分，并且为认知科学源源不断地提供理论支持和灵感来源。

比较心理学

比较心理学是研究进化链上不同动物行为差异的心理学分支，也利用对动物进行神经生理和功能研究，帮助加深对人脑机能和心理的生理基础的认识。

比较心理学以不同进化阶梯上的动物的可类比的行为为研究对象。在研究中侧重于各种动物（有时也包括人）行为的比较分析，其目的在于更好地了解人类自身的行为的起源和意义；由于可类比的行为在进化阶梯上常常呈现由简单到复杂、由单一到综合的特点，比较心理学可以帮助人们从综合和复杂中理出线索和结构。由于比较心理学和动物心理学都主要以动物为研究对象，因此在部分语境下，这两者可视为同义词。

比较心理学主要采用野外方法和实验室方法来收集研究资料。野外方法是指在野外的自然栖息地对动物行为进行直接观察；观察者可以对动物的整个行为及其功能进行系统描述，但是通常并不能找到行为的因果关系。实验室方法对因果性的研究有优势，但是对于结论的确证，还依赖于进一步的野外观察。这两种方法的结合，能使比较心理学的研究符合科学的要求。

发展心理学

发展心理学是研究个体心理发展规律的学科。发展中的个体，无论是处于发展的哪一阶段之中，他们的心理发展都包括心理的各个过程及各个特征。在全面发展的基础上，一个阶段向下一阶段过渡。发展心理学就是要研究个体心理发展各个阶段各方面的过程和特征以及它们的变化。发展心理学可分为婴儿心理学、幼儿心理学、学龄儿童心理学、少年心理学、老年心理学等分支。发展心理学既是心理学理论体系的重要组成部分，又是对发展中的人进行教育的理论根据。

人格心理学

人格（personality）理论认为所有人的心理特质（包括认知风格、情感风格和行为风格）可以归纳为有限的几个类别，把这些类别通常称为个体的人格类型（或通俗地称为"性格"）。由于人类行为的丰富性，这些类别的划分跟研究者自身的先验假设有关，因而形成了许多不同的人格理论。

变态心理学

"变态"在这里并不是一个贬义词，它仅仅指一些心理现象与普遍可见的心理现象的表现存在较大的偏差。变态心理学是对这些特殊的表现进行研究、描述、预报、解释，并在必需的条件下对这些特殊的表现加以改变。变态心理学的成果主要应用于临床，帮助治疗心理疾病的患者；另一方面，对"变态"表现的研究也会加深对"正常"表现的认识。

定量心理学（或称心理测量学）

定量心理学是指将心理现象进行量化的分支学科。这里的定量，主要指对不合适用物理方法进行度量的一类特征进行量化研究的方法。统计理论和抽样理论（核心是因子分析）是定量心理学的理论基础，定量的测量数据包括问卷、量表、原始资料等等。定量心理学的研究方法与社会科学的研究方法有较多共性，适用于从个体、群体、组织到社会的广泛领域，是心理学社会科学属性的主要特征之一。

社会心理学

社会心理学主要研究个体在群体、组织和社会中的心理现象的表现和规律，以及群体、组织和社会本身的心理现象的表现和规律。由于站在群体的视角，群体中的个体会与其他个体以及其他个体组成的集成体产生不同于独立的个体与环境的交互过程，因此，社会心理学有显著不同于个体心理学的研究内容。社会心理学一方面有较强的人文属性，另一方面由于存在大量的可被观察和记录的数据（包括个体的属性、行为、位置，个体间的关系、互动等等），非常适合通过数学方法进行研究。

二、应用心理学

应用心理学主要是为了将心理学的一般理论应用于各个领域，回答的是怎么应用心理学规律的问题。应用心理学规律的目的可以归结为提升人在特定领域的幸福感或更好地发挥人的价值。根据应用领域的不同，自然也可划分为如下不同的分支：

教育心理学

教育心理学，一是研究人类如何在教育情境下进行学习以及教育干预的作用机制和效果，二是研究教学过程中的心理学，三是研究与教育组织——学校有关的心理学。维谷斯基（Lev Vygotsky）、皮亚杰（Jean Piaget）和布鲁纳（Jerome Seymour Bruner）等发展心理学家的研究成果是教育心理学的基石，体现了教育心理学对基础心理学理论的应用。教育心理学是各国预备教师教育的必修课，在教学方法和教育实践领域已经产生了重大影响。

学校心理学

主要研究在学校这样的特定场所中的心理现象。既包含了教育、学习，也包括了学校的组织和管理，还包含了教师和学生在这个场所下面临各种动机、状态和困境等的表现和心理因素。可以说是在学校这样一个特殊社会下的心理学。

临床心理学

临床心理学是研究心理异常（影响了个体或者他人的生活的心理异常）的成因、机制、症状，以及诊断、预防与治疗的学科。临床心理学的实际应用基于不同的条件，可以分为心理治疗（有处方权）与心理咨询（无处方权）两类服务。临床心理学既包括严重的可能伴有器质性变化的心理变态疾病（如精神分裂症、抑郁症等）；也包括轻度的主要由心理因素所引起的焦虑等等；还包括由心理因素引起的躯体疾病（如某些类型的高血压）。关于心理因素引发疾病的医学被称为心身医学；并从治疗的角度，研究病因，诊断与预防，形成健康心理学。

工业与组织心理学

工业与组织心理学主要是关于员工、顾客及消费者的心理研究。涵盖了人力资源、管理心理、消费心理等跟经济生活密切相关的方面。目前，大中型的组织、广告公司、市场研究机构都投入了大量的精力去研究工业与组织心理学，这个学科的理论和事件已经成为经济发展的重要推动力。

社区心理学

社区心理学主要研究在社区这个特殊场景下，个人与社区、社会的相互关系。由于大家庭和农村社会的解体，社区成为人类自发形成的虚拟组织，透过合作性的研究与行动，以及预防、赋权、社会改变等介入，社区心理学的发展和应用能够有效地提升个人安适度、幸福感与生活品质等。

1.2.1.3　心理学的研究方法

心理学的分支学科很多，当代心理学各个分支学科研究的共同特点是采用科学的方法，依赖实验数据和事实进行研究；而不是依靠哲学式的思辨。下面简单介绍心理学领域中常用的研究方法。

观察

观察又可以称为自然状态观察，也就是对研究对象不加干涉，仅忠实地观察和记录研究对象的行为，通过积累大量的数据，然后获得相关结论的方法。由于无法对条件加以控制，观察法通常只能发现相关关系，无法确定因果性。当前兴起的应用大数据的方法研究心理现象的方法，也属于观察法。

实验

心理实验是指有目的地严格控制，或者创造一定条件来引起个体某种心理活动的产生并进行测量的一种科学方法。心理实验法可以分为两种：一种是实验室实验法，另外一种是情景实验法（或自然实验法）。

不论是哪种实验法，都包含以下的特点：第一，主动严密地控制实验条件，减少或消除各种可能影响科学性的无关因素的干扰；第二，人为地改变对象的存在方式和变化过程，用一定的刺激引起一定的行为反应；第三，实验研究以发现、确认事物之间的因果联系为直接宗旨和主要任务，本质上是按因果推论和逻辑关系来设计与实施的，它是揭示事物之间的因果联系的有效工具和必要途径。因为实验研究方法更为客观，获得资料更为可靠，因此实验成为心理学研究中的主要方法。

神经科学方法

严格来说，神经科学的方法并不独立于观察法和实验法，而是在新的技术手段下，应用观察法和实验法。不过，由于认为心理是神经系统的机能，当代心理学家基本上认为通过研究心理的神经基础，能够帮助解决心理学里一些持久的争论，甚至能够巩固和发展心理学的理论。所以，神经科学方法被特意提出，以区别于传统的行为研究的各类技术手段。

神经科学的方法有很多种，但是总体来说，是检验神经系统的某些结构或活动与特定的心理或行为之间的关联性。这种关联可以通过脑损伤病例或穿颅磁刺激引起的暂时性脑功能抑制等导致的变化来观察；也可以通过在脑中插入电极，以及无损的 PET、fMRI、EEG 等技术观察发生相关心理和行为变化时的脑活动；或者通过对标本的染色、活体的 MRI 结构成像等技术来获取神经系统的结构的资料，观察人群的差异或者推断心理机能的结构。

需要指出，从当前神经科学的方法中得到的结论，还是一种粗浅的"相关"，在大部分情况下，和一般而言所追求的"原理"并不是一个层面的。不过这些结论能够很清晰地说明，心理活动都存在着相应的神经基础，即使我们还并不知道其背后真正的原理。

调查问卷

在某些情况下，心理学研究需要依赖受试者的内省，特别是对于群体或社会相关的一些因素。在众多基于内省的方法中，问卷法是最广泛采用的方法。问卷法通常在一定的抽样（即选择总体中的部分用户）条件下，让受试反馈预先设计好的问卷（一系列问题的组合），再通过一定的分析方法来研究个体或群体的心理或行为规律。不过由于问卷调查依赖于受试的主观报告，它的可靠性一直受到质疑。虽然心理学家或者其他领域的问卷专家开发了很多保障问卷可靠性的方法，但依然无法完全消除这些质疑。即便存在着很多质疑，由于调查问卷简单易懂，适合于广泛使用，所以仍是目前被应用最广的心理学方法。

定性研究

通常，实验法和问卷法都是通过所研究的对象之间的定量关系来获得研究结论的。有时候，研究者并不易获取足够分析的定量数据，然而又能明显地发现某种现象和规律是存在的。这时候，就可以采用定性研究来获得相关的资料。比如以某个特殊的个体作为研究对象时（比如脑损伤病人或非常杰出的人物），通常可采用定性研究的方法，定性研究的方法一般来说不能得出严格的科学结论，但是可以帮助获取进一步研究的灵感和方向。

动物研究

这里所讲的动物研究仍然是以了解人的心理规律为目的的动物研究。由于实验伦理或者客观条件的限制，有些实验无法以人类为被试进行，这时候需要采用动物研究的方式进行（同样也需要遵循有关实验道德的约束）。动物研究的手段多种多样，有的是在人造的环境（控制了环境因素）中观察动物的行为，有的是进行一些有创的介入观察（如在脑的特定部位植入电极）等等。当然，由于动物和人存在着相当大的差异，如将动物研究的结论应用到人身上，需要保持相当谨慎的态度。

计算机模拟

对心理学来说，计算机模拟是很重要的方法。这里有两个不同的含义：一是将人类比成计算机。早期的认知心理学就是采用了这个方法，将人的认知过程看成类似计算机的信息加工过程，根据计算机信息加工的特点，提出了认知心理学的基础理论，当代的认知心理学即是在这个基础上发展起来的。二是将心理学的理论在计算机上模拟，检验理论的实际效果。这种方法不但适合于认知心理学，同样可以适用于社会心理学等广泛的领域。这两种方法有一定的关联，本质上都是认为人的认知系统或人的心理规律并不特殊。在不远的将来，第二种方法可能会成为一种主流的方法，作为实验法的重要补充。

1.2.2 科研心理学与心理学的关系

通过简要地回顾心理学的历程和现状，我们发现，心理学和科学密不可分：一方面，心理学发展的早期里程碑式的人物亚里士多德、阿尔哈金等也是科学发展的早期里程碑式的人物；另一方面，现代心理学的发展离不开整体科学和技术的进步，现代心理学每一次大的突破，都和当时科技发展的背景密切相关。可以说，科学的整体发展推动了心理学的发展。

这样的联系，体现了心理学两个方面的属性：一是作为人类终极追问的命题，伟大的思想者都试图去作出自己的贡献，对"灵魂"这个领域的思考和他们在各自领域的成就紧密联系；二是作为科学的一个分支，自然受到当下科学发展的制约。

所以，科研心理学和心理学的关系，相应的有两层理解：一是从发展的角度来看，科研背后，反映的是什么样的心理规律，或者说心理规律如何塑造科研的形态，这有助于了解科研活动在"灵魂"这个领域的意义；二是从当下看，如何用当下的心理学来理解、分析和改善科研活动中的参与者的表现，从而促进科研的发展。

前人曾经对科研活动中的一些心理现象进行过若干介绍，但是数量较少，而且比较分散，并没有在科研活动的各个方面开展系统性的工作，至今这个领域还没有形成一门专门的学科。所以科研心理学是心理学的一门新的分支学科，需要做大量的基础性工作。

　　根据心理学划分门类的标准，科研心理学既有理论心理学的特征，又有应用心理学的特征。一方面，科研心理学的研究面向科研活动中的心理规律和科研人员这个群体的心理特征；另一方面，科研心理学的理论自然会应用于科研人员的筛选和培养，以及提升科研活动的成效等。因此，本书适当地综合理论和应用两个方面的内容。

　　由于研究对象的特殊性，科研心理学所采用的研究方法也有自身的特点。因为科研实践活动本身很难在心理学的实验室里重复，所以科研心理学的研究方法适合于以资料分析、访谈、观察等非控制性的方法为主，而以实验室研究为辅。

1.3　科研心理学与科学哲学

1.3.1　科学哲学简介

1.3.1.1　科学哲学简介

　　"科学哲学"在英语中可以有两种表达方式：philosophy of science 和 scientific philosophy。只要根据英文的文法，不难看出两者的区别。前者更精确的翻译可以是指"关于科学的哲学"，后者则指"科学化的哲学"。在中国，一般讨论的是"科学哲学"，即关于科学的哲学，是从哲学的角度对科学（主要是自然科学）的反思（反思是哲学的主要过程，并不含有否定的意味）。本书中提到的科学哲学，如无特别说明，仅指 philosophy of science ——"关于科学的哲学"。

　　科学哲学，简单地说，回答的根本问题是能不能判断一个说法的对错，以及怎么样才算是对的，怎么样才算是错的；也就是对科学本身进行反思（反思这个哲学术语，大致的意思是跳出既定的框架，来评估某个对象的意义）。

对"科学"的反思，也可追溯到亚里士多德。他对形式逻辑、归纳和演绎方法的讨论奠定了科学思维的基础，而他对科学命题的经验要求和对科学理论的结构以及科学知识增长的规律所作的研究，从宏观的门类看已经包含了现代的科学哲学的主要范围。其后，以伽利略（Galileo）、培根（Francis Bacon）、笛卡尔（Rene Descartes）、牛顿（Isaac Newton）为代表的科学家和哲学家在科学发现的征途中，都不可避免地对科学本身进行了反思，从而推动了独立的科学哲学的形成。

培根强调归纳方法，并且在亚里士多德以后第一次形成了完整的归纳演绎方法，他主张基于实验，通过逐步的渐进的归纳方法获取一般性原理；笛卡尔认为科学的理论是从先验的一般性原理出发，演绎出具体定律的命题等级体系；而牛顿则提倡运用分析综合法和公理法从事研究。穆勒（John Stuart Mill）和休厄尔（William Whewell）对科学方法论、科学理论的结构及科学发展模式等问题的研究，奠定了作为独立学科的科学哲学的基石。他们各自强调的归纳主义逻辑分析的观点和立足科学史实从事科学哲学研究的观点，分别成为现代西方科学哲学中的逻辑实证主义（Logical positivism）[或称逻辑经验主义（Logical empiricism）]和历史主义两个学派的前身。

可以看到，早期对科学的反思主要集中在对科学方法的反思，也就是围绕着"怎么做才算对"进行反思；直到20世纪，科学哲学才成为一门相对独立的学科，从而开始了将科学作为整体进行反思的阶段。人们一般所指的科学哲学是现代的科学哲学，现代科学哲学的形成可以溯源到赫尔（J. Herschel）1831年出版的《自然哲学研究绪论》；早期的重要人物有休厄尔、穆勒等人。19世纪末20世纪初的马赫（Ernst Mach）、皮尔逊（Karl Pearson）、彭加莱（Jules Henri Poincaré）、杜恒（Pierre Maurice Marie Duhem）等都在各自的著作中阐述了科学哲学的观点。20世纪20—30年代罗素和维特根斯坦等人所开创的逻辑实证主义运动，促进了科学哲学的蓬勃兴起。20世纪40年代以后，科学哲学在反对和批评逻辑实证主义的过程中得到进一步发展，使有关科学活动的研究获得了很多的发展，其代表人物有赖兴巴赫（Hans Reichenbach）、波普尔（Karl Popper）、奎因（Willard Quine）、汉森（Norwood Russel，Hanson）、库恩（Thomas S. Kuhn）、费耶尔阿本德（Paul Karl Feyerabend）、拉卡托斯（Imre Lakatos）、图尔明（Stephen Toulmin）、夏皮尔（Dudley Shapere）等。

1.3.1.2　科学哲学的几种观点

一、逻辑实证主义

逻辑实证主义或称逻辑经验主义兴起于20世纪20年代，以马赫、彭加莱为思想先驱，借助于当时物理学革命的推动，由罗素和维特根斯坦等人开创。以维也纳学派（Vienna School）为中心的逻辑经验主义运动，产生了第一个完整的科学哲学体系，它标志着现代科学哲学的诞生。逻辑经验主义以可证实性原则作为意义标准来排除形而上学，把科学哲学归结为以数理逻辑的方法对科学理论的结构作静态的逻辑分析，并致力于逻辑重建。它在数十年内成为科学哲学中公认的正统观点。逻辑实证主义的主要代表人物有石里克（Moritz Schlick）、卡尔纳普（Rudolf Carnap）、亨普尔（Car Gustav Hempel）、赖兴巴赫等。

逻辑实证主义的基本观点是：1.把哲学的任务归结为对知识进行逻辑分析，特别是对科学语言进行分析；2.坚持分析命题和综合命题的区分，强调通过对语言的逻辑分析以替代形而上学；3.强调一切综合命题都以经验为基础，提出可证实性或可检验性和可确认性原则；4.主张物理语言是科学的普遍语言，所有门类的科学语言应当遵循物理语言的范式，从而实现科学的统一。量子力学和相对论的巨大成功是驱动逻辑实证主义的动力。逻辑实证主义强调了实证和逻辑两个方面，从而跟单纯的哲学反思划清了界限。

逻辑实证主义的核心是"实证原则"。其观点是：任何不可验证的陈述都既非真，也非假，而是没有实在意义。逻辑实证主义只允许逻辑上的同义反复或者第一人称的、从感官经验得到的观察结果。由此认为，传统的哲学（以形而上的反思为主）和伦理学中的命题都缺乏实在意义。艾耶尔（Alfred Jules Ayer）通过他 1936 年的著作《语言、真理与逻辑》成为逻辑实证主义在英语世界的代表人物。他将实证原则表达为："一个句子，当且仅当它所表达的命题或者是分析的，或者是经验上可以证实的，这个句子才是字面上有意义的。"

逻辑实证主义在发展中逐渐遭到了很多哲学家的挑战，这些挑战主要集中于两个方面：第一，认为从感官经验知识得来的知识与理论知识很难精确地联系。第二，缺乏明确的"怎么样算是'证实'了"的证实理论。这两个问题使得准确表述实证原则变得很困难。这使科学哲学家们逐渐意识到，科学理论中的句子和支持它们的观察结果之间，存在着一种更加整体主义的，却并不那么形式化的关系。当这种关系是某种间接关系的时候，又进入了形而上学的问题的空间。最后使得"逻辑实证主义"陷入了理论体系无法自洽的境地。

二、证伪主义或批判理性主义

20 世纪 40 年代后，科学哲学在批评和反对逻辑实证主义的过程中发展了批判理性主义思潮，其中，最有影响的理论之一是波普尔的"证伪主义"。"证伪主义"反对建立在归纳主义方法论基础上的可证实性原则，代之以可证伪性原则，同时提出知识增长的动态模式，认为推动科学进步的主要机制是批判。

通俗地说，"证伪主义"的意思是，不知道什么是对的，但是可以知道的是怎么样算错的。而在被证实是错的之前，可以暂时认为是对的。

证伪主义最大的价值，在于认识到了绝对真理的相对性，承认了阶段认识的价值，另外，在波普尔看来，一种理论所能够对应的经验内容愈丰富、愈精确和愈普遍，它的可证伪度就愈大，科学性就愈高。这属于证伪主义的技术性观念，和信息论的观点一致。

三、历史主义

20世纪50年代末和60年代初以汉森、库恩、费耶阿本德和图尔明等为代表的历史主义思潮，承认了理论的历史意义。其价值和意义与证伪主义一致。历史主义的核心意义，在于承认科学是人类的认知问题，任何结论，只能考虑这个结论所依据的事实的正确性，而不是绝对的正确性；它可以看作是另一个视角的证伪主义。但是，相对来说，证伪主义的态度更加积极些，因为承认了每个阶段的建设性意义。

四、科学实在论

逻辑实证主义的发展中强调物理语言的重要性，贡献了语言实在论的主张，从而引发了科学哲学对实在论的争论热潮。这些争论的分歧点主要在于，科学理论的对象是否独立于对它们的认识而客观存在和起作用？科学能否真正向我们提供关于客观世界的认识而不仅仅是幻象？科学理论的目的是否是揭示自然界的本质？这些争论，实际上是认识论的问题，这些争论的核心出发点是认识的无法怀疑和客观世界的可以怀疑。虽然可以获取"我思故我在"这样的没有逻辑问题的论断，然而却没有意义，既然认识无法怀疑，客观世界是否可以怀疑都不影响基于认识的"理论"。科学实在论的代表人物有夏皮尔、普特南（Hilary Putnam）、克里普克（Saul Kripke）、塞拉斯（Wilfrid Sellars）、邦格（Mario Bunge）等。反对科学实在论的代表人物有范弗拉森（Bas van Fraassen）等。

五、系统哲学或系统科学哲学

1968年，美籍奥地利生物学家贝塔朗菲（Ludwig von Bertalanffy）提出一般系统论、系统科学与系统哲学等体系。2007年，布达佩斯俱乐部的创始人欧文·拉兹洛（Ervin Laszlo）提出广义进化理论，发展了系统哲学。

系统同构是一般系统论的重要理论依据和方法论的基础。系统同构是指不同系统的数学模型之间存在着数学同构。常见的数学同构有代数系统同构、图同构等。数学同构有两个特征：1.两个数学系统的元素之间能建立一一对应关系。2.两个数学系统各元素之间的关系，经过这种对应之后仍能在各自的系统中保持不变。不同系统间的数学同构关系是等价关系，等价关系具有自反性、对称性和传递性。根据等价关系可以将现实系统划分为若干等价类，在同一等价类内，系统彼此等价。因此，借助于数学同构的研究，可以在现实世界中各种不同的系统中找出共同的规律。

研究数学同构有时要涉及数学同态。不同系统间的数学同态关系具有自反性和传递性，但没有对称性。因此数学同态只用于分类和模型简化，不能划分等价类。

对于许多复杂系统，不能用数学形式进行定量的研究，因此就有必要将数学同构的概念拓展为系统同构。人们常常把具有相同的输入和输出且对外部激励具有相同的响应的系统称为同构系统，而把通过集结使系统简化而得到的简化模型称为同态模型。一个系统根据研究目的的不同，可以得出不同的同态模型，而对于结构和性能不同的系统，它们的同态模型的行为特征却可能存在着形式上的相似性。在不同的学科领域之间和不同的现实系统之间存在着系统同构的事实，是各学科进行横向综合和建立一般系统论的客观基础。

由于系统哲学的主张符合中国传统的哲学体系，因此国内有很多支持者。然而有些人并没有受过严格的科学训练，对系统哲学的理解会陷入玄之又玄的境地，因此在评判系统哲学时，请首先要记住这是一个有严格的数理讨论的科学主张而非单纯的基于思辨的哲学主张。

1.3.2　科研心理学的必要性

从以上对科学哲学的简单介绍可以看出，很多科学哲学家本身就是杰出的科学家，他们的科学实践与他们对科学的认识之间相互影响。有的科学哲学家则是纯粹的哲学家，试图从人类的思想体系或者认识论的角度来解读科学或科学实践。科学家的科学哲学通常是伴随着科学的巨大进步产生的（究竟是他们的科学哲学思想引导了他们的科学进步，还是他们取得科学进步后进行了哲学的反思，却已难以区分了），而纯粹的哲学性质的科学哲学则为清晰地把握科学的实质提供了系统的框架。

但是在这些对科学的理解和反思中，却都是把科学实践的主体——科学家排除在外，而只把科学当成实体去探讨。事实上，科学哲学上出现的争论，除了在具体形式和内容上有科学的特殊性之外，曾经在人类的思想史上反复出现。在中国，曾经有过传统的理学和心学的争论等。这就不能不让人思考，离开对人的心理规律的研究，能否对科学本质有真正的认识。看来，从人类的心理规律或认识规律出发，去探讨科研实践，才能为科学本身的认识提供从人的意义上来说的、更宏观的认识。

1.4　科研心理学与脑科学和认知科学

近年来，脑科学和认知科学的研究取得了很大进展。作为心理学的一门新的分支，科研心理学必然会吸收脑科学和认知科学发展的最新成果，构建描绘科学研究实践活动心理和行为规律的完整图景。

脑是心智的物质基础，只有了解相应的脑机制，才能真正理解心理和行为。当代心理学的发展已经和脑科学紧密联系在一起；各类脑成像技术的发展，使得心理机制的探究逐步摆脱了基于输入的间接推测而有可能基于实际的脑结构和脑活动来探讨，从而使心理学向综合的脑与心智科学迈进。

因此，需要进一步扩充科研心理学的研究范围，在研究科学研究实践活动的心理和行为的同时，还要研究科学研究实践活动的心理和行为的脑机制，使得科研心理学发展成为一门关于科学研究实践活动的脑与心智科学的学科。

科研心理学还要吸收认知科学的许多新成果。例如，认知科学的发展越来越说明单纯的信息加工的框架对于理解人的认知乃至创造类人的认知体都是不充分的，要加上情感或者模拟情感的成分，才是更加可靠的认知体。又如，认知科学已经不满足于研究单个认知体的规律，而开始探讨社群性的认知体的规律。这些都将极大地拓展心理学的研究范围，同时也将拓展科研心理学的研究范围。

参考文献

[1] Feist G J. Psychology of Science as a New Subdiscipline in Psychology[J]. *Current Directions in Psychological Science*，2011，20（5）：330-334.

[2] Fugelsang J A，Dunbar K N. Brain-based mechanisms underlying complex causal thinking[J]. *Neuropsychologia*，2005，43（8）：1204-1213.

[3] Osherson D，Perani D，Cappa S，et al. Distinct brain loci in deductive versus probabilistic reasoning[J]. *Neuropsychologia*，1998，36（4）：369-376.

[4] Dunbar K. How scientists think in the real world：Implications for science education[J]. *Journal of Applied Developmental Psychology*，2000，21（1）：49-58.

[5] Sato W. Scientists' personality，values，and well-being[J]. *SpringerPlus*，2016，5：（613）.

[6] Jindal-Snape D，Snape J B. Motivation of scientists in a government research institute：Scientists' perceptions and the role of management[J]. *Management Decision*, 2006，44（10）: 1325-1343.

[7] 亚里士多德. 论灵魂 [M]. 外语教学与研究出版社，2012.

第二篇　个体的科研心理学

　　这一篇从科研工作者个体的认知、情感、人格和发展等方面讨论个体的科研心理学。

2.1　认　知

2.1.1　科学探索的心理基础——元认知

　　科学探索是人主动地将未知转变成已知的过程，这个过程不仅要符合公认的科学规范（可被重复），而且所获得的知识可以被确切地评判（可被证实）。实质上这些都涉及元认知（metacognition）。因为在这个过程中，人需要判断已知与未知，需要认知探索过程本身，也需要对所获得的知识进行判断；而这些都是建立在对直接认知的认知，也就是元认知的基础上。要对驱动科学探索的心理基础有科学的把握，必须研究和理解元认知。

2.1.1.1　元认知的哲学根源

　　"元"概念产生于对内省法的自我证明悖论的哲学思索[1]。Comte认为内省法存在"自我证明悖论"：同一器官如何能够同时既是观察者又是被观察者？1956 年，哲学家 Alfred-Tarski 为解决这一悖论引进了 "meta" 即 "元"的概念。他针对客体水平提出了元水平的概念；客体水平是关于客体本身的表述，而元水平则是关于客体水平的表述。存在于客体水平和元水平之间的这种区别，使得我们可以将一个过程作为两个或两个以上同时进行的过程来分析。其中，任何一个较低层次的过程都可成为一个较高层次过程的对象。因此，内省可看作是认知主体对客体水平所进行的意识作出元水平的言语表述，这样一来，关于内省法的自我证明悖论就得到了解决。

2.1.1.2　元认知的实质

元认知究竟指的是什么现象呢？对于这一问题，不同的研究者曾经给出不同的回答。Flavell 将元认知定义为 "反映或调节认知活动的任一方面的知识或者认知活动"[2]。Brown 认为，元认知是 "个人对认知领域的知识和控制"[3]。Yussen 认为，"宽泛地讲，元认知可认为是反映认知本身的知识体系或理解过程"[4]。Weinert 等则将元认知描述为 "第二层次的认知：对思维的思维，关于知识的知识，对活动的反省"[5]。Garner 等认为，"元认知指关于心智运作的任一方面的知识，以及对这种运作的导向过程"[6]。Sternberg 等通过将元认知与认知进行对比来揭示其含义[7]。他说 "元认知是 '关于认知的认知'；认知包含对世界的知识以及运用这种知识去解决问题的策略，而元认知则涉及对个人的知识和策略的监测、控制和理解"。

由此可见，诚如 Reder 所言，"对不同的人而言，元认知具有不同的含义"[8]。不过，虽然这些研究者的观点从表述上看各不相同，但都具有一个共同点，即元认知是以 "认知"本身为对象的认知，这正是元认知最根本的特征；并且，在众多的观点中，仍然以元认知研究的开创者 Flavell 所作的定义最有影响、最具代表性。Flavell 对元认知作过两次界定。1976 年，他认为元认知指 "个人关于自己的认知过程及结果或其他相关事情的知识"；同时，他又认为，元认知也指 "为完成某一具体目标或任务，依据认知对象对认知过程进行主动的监测以及连续的调节和协调"[9]。也就是说，Flavell 认为"元认知"可以用来指两种现象，一是有关认知的知识，二是对认知活动的调节。在此基础上，1981 年，他对元认知的含义作了更简练的表述："反映或调节认知活动的任一方面的知识或者认知活动。"据此，我们对元认知可以有两种理解：一是相对静态的知识体系，它反映个体对认知活动及其影响因素的认识；二是动态的活动过程，即个体对当前认知活动所作的调节。这也是当前心理学关于元认知含义的一种广为接受、广为引用的观点。因此，在使用和理解元认知的术语时，要注意区分这两种含义；这两个层面的元认知都与科研活动相关。

元认知作为关于认知的知识，相对于一般的知识仅是关于对象的知识不同。而对认知过程的调节，则通过两种基本过程来实现，即监测和控制，前者指个体获知认知活动的进展、效果等信息的过程，后者指个体对认知活动作出计划、调整的过程。如：自我检查是一种监测过程，通过自我检查，个体可以知道自己的推理过程有没有出错；而对思路的矫正就是一种控制过程，它能够使思维活动改变错误的方向而沿着正确方向进行。换个角度说，监测指信息从客体水平向元水平的流动，它使认知主体得知客体水平所处的状态；控制是信息从元水平向客体水平的流动，它使客体水平得知下一步该做什么。在调节活动中，这两个方面彼此依存、互为因果，监测得来的信息会指导控制过程，而控制的后果又通过监测为主体所得知，并为下一次控制过程提供信息。监测和控制的循环交替进行，就构成了元认知活动，它推动着认知活动的进展。

2.1.1.3　元认知的要素

要把握元认知的规律，还需要将元认知解构，并且进行细致的研究。解构元认知包含了两个方面的含义：一是了解元认知的要素；二是了解这些要素之间的关系。

Flavell 认为，元认知的两大要素是"元认知知识"和"元认知体验"。元认知知识指个体所存储的既和认知主体有关，又和各种任务、目标、活动及经验有关的知识片段。元认知体验指伴随并从属于智力活动的有意识的认知体验或情感体验。Brown 等人则认为，元认知的两大要素是"关于认知的知识"和"认知调节"。"关于认知的知识"是个体关于他自己的认知资源及学习者与学习情境之间相容性的知识。事实上，"关于认知的知识"类似于 Flavell 所谓的"元认知知识"。"认知调节"指一个主动的学习者在力图解决问题的过程中所使用的调节机制，它包括一系列的调节技能，如计划、检查、监测、检验等。董奇等人则倾向于以下观点，认为元认知由三部分组成：元认知知识、元认知体验和元认知监控[10]。

结合其他相关的研究，主要是元认知发展与教育的一系列研究，可以把元认知分为三个基本要素：元认知技能、元认知知识和元认知体验。其中，元认知技能是个体进行调节活动所必须具备的根本条件，元认知知识为调节提供基本的知识背景，元认知体验是调节得以进行的中介。

元认知技能，即认知主体对认知活动进行调节的技能。个体对认知活动的调节正是通过运用相关的元认知技能而实现的。如果不具备基本的元认知技能，调节就无从谈起。运用元认知技能的过程可能是有意识的，也可能是无意识的。在元认知技能形成的初期阶段，它的运用需要意识的指导，当这种技能得到高度发展时，它就会成为一种自动化的动作，不为意识所觉知。元认知技能包含以下三个方面：

1. 计划：指个体对即将采取的认知行动进行策划。在认知活动的早期阶段，计划主要体现为明确题意、明确目标、回忆相关知识、选择解题策略、确定解题思路等。值得指出的是，计划并不仅仅发生在认知活动的早期阶段，在认知活动进行的过程中也存在着计划。比如，个体在对自己的认知活动采取某种调整措施之前，也会就如何调整作出相应的计划。

2. 监测：指对认知活动的进程及效果进行评估和检验。亦即在认知活动进行的过程中以及结束后，个体对认知活动的效果所作的自我反馈。在认知活动的中期，监测主要包括获知活动的进展、检查自己有无出错、检验思路是否可行。在认知活动的后期，监测活动主要表现为对认知活动的效果、效率以及收获的评价。例如：检验是否完成了任务，评价认知活动的效率如何，以及总结自己的收获、经验、教训等。

3. 调整：指根据监测所得来的信息，对认知活动采取适当的矫正性或补救性措施，包括纠正错误、排除障碍、调整思路等。调整并不仅仅发生在认知活动的后期阶段，而是存在于认知活动的整个进程中，个体可以根据实际情况随时对认知活动进行必要、适当的调整。

元认知知识指个体对于影响认知过程和认知结果的那些因素的认识。在经过许多次的认知活动之后，个体会逐渐积累起关于认知活动的影响因素及其影响方式的一些知识，这就是元认知知识。元认知知识的重要意义在于，它是元认知活动的必要支持系统，为调节活动的进行提供一种经验背景。认知调节的本质就是对当前的认知活动进行合理的规划、组织和调整。在这个过程中，个体对自身认知资源特点的认识、对任务类型的了解以及关于某些策略的知识，对调节活动起着关键的作用，个体正是根据这些知识而对当前的认知活动进行组织的。如果不具备相关的元认知知识，调节就具有很大的盲目性。从这一角度来说，元认知知识是元认知活动得以进行的基础。

元认知体验指个体对认知活动的有关情况的觉察和了解。元认知体验的内容有哪些呢？在认知活动的初期，主要是关于任务的难度、任务的熟悉程度以及对完成任务的把握程度的体验。在认知活动的中期，主要是有关于当前进展的体验、关于自己遇到的障碍或面临的困难的体验。在认知活动的后期，主要是关于目标是否达到、认知活动的效果和效率如何的体验，以及关于自己在任务解决过程中的收获的体验。元认知研究的开创者曾将元认知体验与元认知知识列为同等重要的两大成分，但是多年来，研究者们很少关注元认知体验这一领域。

我们认为，元认知体验是元认知活动的要素之一，它是元认知知识和认知调节之间、元认知活动和认知活动之间的重要的中介因素。一方面，元认知体验可以激活相关的元认知知识，使长时记忆中的元认知知识与当前的调节活动产生联系。元认知知识虽然为调节活动提供了重要的基础，但它只是为调节提供了一种可能性，它本身并不能保证调节活动的进行。静态的元认知知识如何与动态的调节过程衔接起来呢？我们认为，元认知体验在这个过程中起着关键的作用，它是连接动态和静态的中介，沟通两者的桥梁。元认知知识是个体的长时记忆中贮存的一些陈述性、程序性及条件性的知识。根据记忆的有关理论，长时记忆中的知识并不能直接对个体当前的认知活动产生影响，只有当它被激活而转到短时记忆，也就是工作记忆中时，才能为个体所利用。元认知体验正是在激活相关的元认知知识的过程中起着关键的作用。这种对当前认知活动有关情况的觉察或感受，会激活长时记忆库中有关的元认知知识，将它们从"沉睡"的状态中"唤醒"，出现在个体的工作记忆之中，从而能够被个体用来为调节活动提供指导。

另一方面，元认知体验可以为调节活动提供必需的信息，如果没有关于当前认知活动的体验，元认知活动与认知活动之间就处于脱节的状态，无法衔接起来。调节总是基于体验所提供的关于认知活动的信息而进行的，只有清楚地意识到当前认知活动中的种种变化，才能使调节过程有方向、有针对性地进行下去。元认知体验的这种中介作用决定了只有通过元认知体验，个体才能基于当前认知活动进展的有关信息，并利用相关的元认知知识，对认知活动进行有效的调节。因此可以说，体验是使调节得以进行的关键因素。那么，怎样可以获得元认知体验呢？我们认为，通过进行反省性自我提问，可以激发相应的元认知体验。以问题解决过程为例，在认知活动的早期阶段，向自己提问"它属于哪种类型""这方面我知道哪些基本知识""它有多难"等问题，可以使个体产生关于题目的熟悉程度、难度，以及成功解答的把握程度等方面的元认知体验。在认知活动的中期阶段，向自己提问"我的进展如何""我遇到了什么困难""障碍在哪里"等问题，可以使个体产生关于活动的进展、障碍等方面的元认知体验。在认知活动的后期阶段，向自己提问"目标是否达到""还有没有更好的解决方法""我学到了哪些知识"等问题，可以使个体产生关于活动的效果、效率及收获等方面的元认知体验。这些体验既能激发相关的元认知知识，又能为调节过程提供必要的信息，从而能使元认知活动进行得更为顺利。

那么元认知三要素之间的关系是怎样的呢？汪玲等指出，元认知技能、元认知知识、元认知体验是元认知活动的三大要素，通过三者的协同作用，个体得以实现对认知活动的调节。下图较为清楚地描述了三者之间的相互关系。[11]

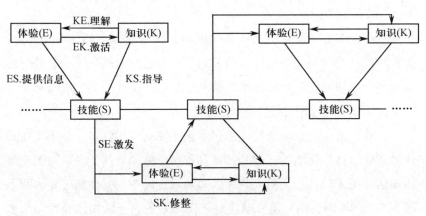

图 1   元认知三要素的关系示意图

注：K 指元认知知识（metacognitive knowledge），E 指元认知体验（metacognitive experience），S 指元认知技能（metacognitive skill）。

元认知是人的高级认知活动的基础，而这些高级认知活动在成人的认知活动中无处不在，而正是因为它们无处不在，所以给直接探究元认知的规律带来了很大的困难。研究者只能在变化中检测到有关规律的信号，因此转而通过在人的成长中发生的变化来研究元认知的规律。

图 1 表明，首先，在认知活动中，调节活动是连续不断地进行的，个体反复运用有关的元认知技能，对认知活动作出连续不断的调节。其次，在元认知知识、元认知体验和元认知技能三者中，两两之间都有一种双向的相互作用的关系，具体如下：

①箭头 EK、KE 表明元认知体验与元认知知识之间的关系，即：元认知体验可以激活记忆中相关的元认知知识，使之从长时记忆回到工作记忆中，为当前的元认知活动服务；而元认知知识可以帮助个体理解元认知体验的含义。

②箭头 ES、SE 表明元认知体验与元认知技能之间的关系，即：元认知体验可以为元认知技能的运用提供必需的信息，使调节（亦即元认知技能的运用）具有针对性；而调节能激发新的元认知体验，从而为下一步的调节做准备。

③箭头 KS、SK 表明元认知知识与元认知技能之间的关系，即：必要的元认知知识储备是进行调节的基础，它能为调节活动的进行提供指导；而调节能使个体积累新的关于认知活动的经验，从而对原有的元认知知识进行补充或修改。

另外，由指向元认知技能的两个箭头 ES、KS 可知，个体运用元认知技能对认知活动进行调节需要具备两个辅助条件，一是关于当前认知活动的体验，二是相关的元认知知识；同理，从技能出发的两个箭头 SE、SK 则表明，调节动作对元认知知识和元认知体验均会产生影响，一方面它能激发新的元认知体验的产生，另一方面又有助于对原有的元认知知识作出修改、补充。

综上所述，汪玲等指出，元认知是"个体对当前认知活动的认知调节"；元认知包含三要素，即元认知技能、元认知知识、元认知体验。这一观点具有如下意义：

①在 Flavell 对元认知所作定义的基础上，将元认知界定为"个体对当前认知活动的认知调节"，使元认知的含义得到了进一步的明确。

②确定了元认知的三要素，即元认知技能、元认知知识、元认知体验，明确了这三者在元认知活动中的作用，并对三者之间相互作用的关系作出了清楚的回答。

③强调了元认知体验的重要性，以及研究元认知体验的重要意义。元认知体验沟通着个体已有的元认知知识和当前的调节活动，沟通着元认知活动和认知活动，是元认知活动得以进行的必不可少的中介因素。元认知体验是进行有效的元认知训练不可忽视的一个方面。

2.1.1.4　元认知的调节功能的实证研究

元认知与记忆

在一般情况下，外显的记忆能力是随年龄增长而提高的，这主要是因为策略使用和元认知能力会随着年龄的增长而发展；因此，探究元认知与记忆策略选择的相关研究，是了解元认知和基础认知能力关系的一个很好的窗口。

在这方面，较传统的研究多以词表、词对作为实验材料，以儿童和大学生作为考察对象，涉及的元认知主要为元认知知识，而记忆策略多涉及存储策略。根据 Kalter 等人论述：年龄较大的儿童（10 岁）能更有效地监控他们的知识，更有效地根据他们对材料的掌握程度来调整策略[12]。儿童关于策略知识的获得约在 5—10 岁，在此期间儿童倾向于过高评价自己的记忆能力，而小学阶段及以上的儿童和青少年则能够获得更准确的关于任务、策略等的知识。然而即便如此，即使是成人，也往往不是成功的监控者，这便会导致人们不能进行有效的策略选择。

假设要求儿童逐个记住一长串数字，用元认知知识选择策略包括以下步骤：儿童需要知道自己的记忆并不完善，并要知道必须运用某种策略才能记住数字；同样需要知道相关的策略，例如复述，以及需要选择它而不是一个比它差的策略；最后，为了在将来能够经常使用这个策略，他需要将获得的成绩归因于所使用的策略。但事实上儿童很少将进步归因于策略本身，也很少将策略迁移到新情境中。为什么儿童不会使用一个有用的策略？较早的解释有两种：一个是"中介性缺陷"，认为年幼儿童不使用策略，是因为策略不能使他们的回忆效果更好；另一个解释是"产生性缺陷"，认为即使使用策略有助于回忆，儿童也不选择使用策略。现在看来这些解释都不能提供一个充分的说明。有研究者认为，儿童对于策略的使用既对花费的代价敏感，也对获得的益处敏感，而评价的实施者是元认知，通过元认知对代价和益处进行比较，进而对策略的选择给出指导。策略使用随着年龄的增长而增加，这反映了策略使用对于年长儿童的益处的增加和代价的减少。此观点可解释"利用性缺陷"。"利用性缺陷"一般产生于最近获得的策略，而执行任何加工的有效性都随着练习的增多而增强，也就是新的策略使用需要反复的练习，这可以减少策略使用需要付出的代价，降低资源消耗。这很可能是关于策略的知识在未被熟练掌握前并未真正纳入到个体的知识系统中，或者说不能被元认知知道并进行利用，体现为元认知知识缺乏，而在选择使用时，元认知监测便将这样的策略评价为需要使用更多的认知资源，从而阻止新策略的使用，转而指导个体使用已经熟练运用的策略。新策略的使用需要建立在熟练掌握的基础上，元认知知识和控制便会更倾向促使个体使用已经熟练掌握的新策略。同时，个体的元认知训练也必不可少，在练习策略的基础上，要使个体从元认知上接纳新的策略，指导其掌握该策略有效的元认知知识，而不是被动接受，这至关重要。

近年来，在记忆策略选择与元认知方面研究得最多的是对提取策略的研究，提取策略对记忆保持有非常大的促进作用。其中，Karpicke等关注元认知监测及元认知控制是如何参与提取策略选择的，他认为元认知对学生检测其策略的适用性和记忆的有效性有重要作用[13]。Karpicke 等进行了四项实验，在实验中被试（成人）通过学习和检测来记忆一些外语材料，完成每一项后被试都需要选择是再次检测、再次学习还是进行下一项目的测试。再次检测练习作为提取策略的体现可显著增强学习能力，但是多数学生选择的是进入下一项目的测试，一旦个体发现可回忆某项目便认为已经掌握了，这使得学生中止学习，而不是进行提取练习，结果是因为错误的策略选择而导致了较差的记忆保持，这表明了个体存在元认知错觉；因为元认知错觉而导致了策略的错误选择，因而产生较差的成绩。Karpicke 的研究显示学生在一些时候也会选择进行提取检测，Kornell 和 Son 也发现学生有时会测试自己——他们发现学生测试自己大多是为了检测他们已经多大程度上掌握了该材料，也就是说，为了监测自己的知识而不是因为进行提取策略的练习[14]。那么促进学习如何克服出现的元认知错觉就十分关键，它使个体的策略选择更加合理化和准确化，并能最大限度地促进个体的记忆，当然不仅仅是记忆。这个研究在一定程度上证实了元认知监测和控制在提取策略中所起到的作用。

Lamson 和 Rogers 以成人为对象的相关研究证实，年长成年人（40岁以上）比年轻成年人（24—40 岁）更擅长于使用提取策略，且比年轻人有更多的策略储备，在策略选择时也更加灵活，表明在元认知作用上年长成年人要更准确、更客观。究其原因，年长成年人与年轻成年人的差别可能在于策略知识的丰富程度、策略的熟悉程度、策略使用的灵活性、元认知监测的准确性、元认知控制的有效性、认知资源强度等多个方面，其中元认知对策略选择起什么样的作用，是否受其他因素的影响，尚有待进一步证实。Touron 等人的研究发现，工作记忆的策略选择和行为明显受到元认知监测的影响[15]。例如，一些被试会在监控任务中习得某种可以加强记忆和回忆的知识的编码策略，那么他们便会选择执行该策略来提高成绩。Touron 等人认为，元认知监测和控制是通过调控策略的选择和执行来影响工作记忆的表现的。

元认知与问题解决

问题解决包括一系列的认知操作，其信息加工过程都有成分、策略、心理表征和知识库的参与。其中，策略是影响思维过程的最直接和最重要的因素，某种特定的策略与特定的思维过程及思维成效直接联系，元认知在不同认知过程间如何选择不同策略起着不可忽视的重要作用。这些过程包括：解题者通过元认知监测，在元认知知识的基础上检验、回顾解题方法，调控解题策略，并最终实现目标状态。元认知中个体解决问题的过程涉及的四维结构是：动机的自我监控、策略的自我监控、目标的自我监控和情景的自我监控。

对儿童问题解决的策略发展的研究是相关研究的主要内容之一，从中也可以窥见元认知对问题解决的影响。Siegler 提出的儿童策略选择与发现模型（Strategy Choices And Discoveries Simulation，SCADS）有很大影响[16]。SCADS 模型将元认知成分添加到模型中，将策略运用的元认知机制与联结机制整合于一体。SCADS 模型认为，联结机制和元认知机制都能使策略选择与发现具有适应性。策略既可基于联结机制的自动化加工，也存在元认知调控下的外显运用，元认知机制与联结机制以竞争协商的方式适应性地共同参与策略运用过程，元认知在策略选择和使用中的作用既有意识层面的调控，也存在无意识的自动化调控。

另外，Verschaffel 等人研究元认知知识影响策略选择的方式。为了选择某种适合解决某一特殊问题的策略，个体必须了解这种策略，还必须了解问题与策略之间是如何相互作用的[17]。研究者们在不同的分支领域中使用不同的方法，提出了很多新的见解和观点。例如，Heirdsfield 等人的研究证实个体的元认知会影响心算问题策略的选择和实施[18]。吴灵丹与刘电芝通过计算任务研究儿童的策略（相反数策略）的发现和选择，研究评价了五种元认知监测判断，对应于一个问题有一种元认知监测判断，问题答案是 1 到 5 级的不同等级选择项，对被试的元认知监测判断水平进行等级划分[19]。研究发现，元认知监测判断水平越高，儿童策略的选择效果越好，在不同的材料、指导语、性别因素上，元认知监测判断与策略选择相关程度不同，并不具有跨任务、跨情境的一致性，这也说明了儿童的策略选择缺乏适应性，面对不同的任务及情境不能做到良好的迁移，同时还说明了元认知监测的认知发展存在特异性。王葵采用量表测查的方法，考察元认知水平对于简单加法策略（如检索、言语数数、用手指、数手指等）使用和选择的影响。发现元认知水平并不影响4—6岁幼儿的策略选择[20]。因此，幼儿的策略选择不是经过思考得到的，更可能是受经验影响的自然发展过程，同 Siegler 等提出的叠波理论一致[21]。王葵发现，元认知水平虽然不影响4—5岁幼儿的策略选择和执行，却能影响5.5岁幼儿的策略执行。由此，元认知对策略的影响应该和具体任务领域和材料难度及经验有关。如果对任务陌生，而经验有限，策略运用能力则不高，此时，即便个体拥有较高水平的元认知，可能既不影响策略选择，也不影响策略执行。如果对任务熟悉，则个体极可能具备高水平策略，此时元认知不仅会影响策略选择，还会影响策略执行。也就是说，元认知的作用会受到个体对任务的熟悉程度、经验，以及实验材料的影响。除考虑自身的个体差异、年龄差异之外，还需要考虑不同任务情景因素及个体的已有经验知识。

Campbell 等以成人为被试，研究了元认知因素在基础算术问题中对策略选择的影响[22]。他们认为题目的熟悉程度（如，阿拉伯数字形式的题目"3+7=？"与英语词汇形式的题目"three+ seven=？"），即题目与个体记忆的匹配十分关键。若是个体熟悉度高的题目，那么个体的认知操作相应熟练，个体便倾向于使用直接记忆提取策略；而当题目类型不熟悉时，元认知的调节作用便表现为，由于个体认为该题目的记忆提取难度较大，不适合运用直接提取策略，从而选用程序策略（例如计算）。

元认知对问题解决策略的调节在有意识或无意识的通道都发挥着

作用。Verschaffel 等人认为，可意识觉察和精确控制的元认知加工，能够调节策略选择，进而达到策略使用和选择的灵活性和适应性。Ishida 发现，在一定程度上，策略的选择存在有意识的监测和控制，尤其当个体把任务当作真实问题来加工时，选择明显受到元认知知识和信念以及监测和控制的元认知技能的影响[23]。另一方面，Carlson 等人提出策略的选择更多是无意识的自动化加工[24]。褚勇杰、刘电芝研究无意识的元认知调控下策略转换的认知加工特征，发现无意识元认知具有高选择性、高效性和高潜力；在内隐或外显状态下策略使用具有同等效力，策略的内隐使用具有高效性和高潜力[25]。我们认为，无意识元认知涉及自动化加工问题，很可能是在加工初始阶段需要投入意识注意，然后经过练习而逐渐培养起自动化加工，转而不需要或需要很少的意识注意。而元认知的外显调节作用应该是更多出现在任务情境相对于个体认知较难，需要调动较多认知资源，而个体在一定程度的努力下可以完成的情况中。这时元认知的作用将更为显著。

Güss 和 Wiley 研究了文化因素对元认知调节作用的影响[26]。他们从印度、巴西、美国三个国家中选取被试，假设了三个情景（人际交往、学习、实际问题），在三个标准（使用频率、策略有效性、简便性）下，使用问题解决策略的元认知知识问卷来考察被试对五种不同问题解决的元认知策略（自由产生、分析、逐步解决、形象化、组合）的认知偏好。研究结果显示，每个国家的被试均表现出了不同的最有效的元认知策略的偏好，体现出不同文化背景下策略使用的文化差异和同一文化内的泛化。这些关于问题解决策略的元认知知识的特异性结论更倾向于证实元认知策略风格在某一文化内的一致性，而在不同文化中则存在一定程度的区别性发展。

记忆和问题解决是科研的核心认知能力。从上面的讨论也可以看出，评价科研人员的能力，仅仅从基础认知能力的角度去评估是不够的，元认知是最终学术成就和基础认知能力之间的关键桥梁之一。

2.1.2　创新过程与创造力

人类的一切实践活动中都存在创新，创新对人类社会的发展起着至关重要的作用。我们在 Schumpeter 创新理论的基础上，提出了更为广义的创新概念，认为它是社会物质财富创新和社会精神财富创新的集成 [27]。广义的创新既包括把一种从来没有过的"生产要素的新组合"引入生产体系，从而获得物质财富，又包括把一种从来没有过的"思想要素的新组合"引入思想体系，从而创造精神财富 [28]。

科学研究工作更是创新的过程。创新有几个不同层面的含义，有局部变革的创新，也有全局变革的创新；有一闪念的灵感，也有宏大的构造过程。不同层面的创新所涉及的规律是不同的。一般来说，对灵感、顿悟等的研究，主要是从认知过程的角度进行；而对大的创新则要从更宏观的角度如人的性格、教育甚至组织、环境或文化进行研究。这一节先简单介绍在科学研究不同阶段的创新，再详细讨论灵感与顿悟以及影响创造力的因素。

2.1.2.1　科学研究不同阶段的创新

对任何科学研究来说，创新是一项有意义的研究工作的根本要素。在强调创新时，还要区分科学和技能两个不同的场景。对于科学来说，重复一项已知的实验只具有检验的意义，本身并不带有创新性；但是对于技能来说，能够进行重复对于特定的个体和组织都是有意义的。因为科学的发现带有普遍性，而技能却局限于特定的个体或组织；换句话说，科学发现没有"第二"，而技能却可以有"第二"。

下面分别说明科学研究不同阶段的创新。

一、研究工作选题中的创新

选题是决定整个研究工作意义的重要一步，任何有意义的科研项目，都必须带有一定的创新性。选题的创新可以分为两类：一类是开创性研究课题，也就是别人没有研究过的问题；另一类是发展性研究课题，是在前人已有工作基础上进一步研究的问题，包括深化、补充已有的认识或者批驳、修正已有的认识。当然，不论是哪种课题，都要基于前人的成果，要在充分掌握研究现状的情况下才能够形成，这就是人们常说的一切成果都是站在巨人的肩膀上才能获得的，所谓巨人的肩膀并不是指某一个人，而是指人类在相关领域所有知识的总和。若在没有充分了解现状的基础上轻言开创，通常只是已有工作的无意义重复而已。所以，选题中创新的难点在于要在充分形成关于探索领域的图景之后，还需要有与别人不一样的想法。在通常情况下，选题的创新并不是来自灵感，而是来自分析，或是根据已有的知识按图索骥进行证实，或是延展已有的结论，或是联结不同的结论，或是否定已有结论。

二、实验设计与实施中的创新

实验设计和实施中的创新常常是精彩纷呈的。如果说选题的创新主要是靠冷静的分析，实验设计和实施的创新则更多来源于顿悟和灵感。实验设计和实施需要创新的场景，现有的技术手段通常无法适用，这时基本不能依靠分析的手段。分析的手段实际上是典型的问题解决，也就是在问题空间中搜索路径的过程；而灵感和顿悟，则常发生于既有的问题空间中不存在可能的路径的情形。因为在实验设计和实施需要的创新的场景中，既有的问题空间中的路径是不存在的，所以要将既有的问题空间扩大或者转换表征，才能够获得可能的路径。在实验设计与实施中有创新的研究工作，通常给人一种从未有过的惊奇和新鲜的感觉。

三、结果分析与解释中的创新

在结果分析与解释方面，有人曾指出过一个很有趣的现象。密立根是第一个进行油滴实验，测量出电子的带电量的人，今天我们知道，因为当年他用了一个不准确的空气黏滞系数数值，所以他的答案在今天看来不大对，结果偏低了。但是，如果把在密立根之后重复进行油滴实验所测量的电子带电量的各种资料整理汇总，就会发现各次报告的数据在慢慢变大：再把这些资料的实验时间作为横坐标画成图，就会发现起初有人得到的数值比密立根的数值大了一点点，下一个人得到的数据又再大一点点，下一个又再大上一点点，最后，到了一个更大的数值才稳定下来。我们要问，为什么他们没有在一开始就发现正确的数值应该较高呢？显然因为很多人的做事方式是：当他们获得一个比密立根数值更高的结果时，他们以为一定哪里出了错，他们会去寻找实验可能有错误的原因。另一方面，当他们获得的结果跟密立根的相仿时，便不会那么用心去检查。因此，他们排除了所谓相差太大的资料而不予考虑。这样就导致了各人实验数据慢慢变大的现象。

这一现象给我们的启示是，在解释实验结果时，不能迷信权威的结论。解释实验结果时的夸大或者过于保守，都不是实事求是，从而会影响认知加工和创新。

2.1.2.2 灵感与顿悟的认知规律

下面讨论和创造力相关的两种现象，即灵感（Inspiration）与顿悟（Insight）。

一般认为，顿悟是突然地、直觉性地以及清晰地获得问题解决方法的过程。它包含三个要素：一是旧的无效的思路被抛弃（即打破思维定式）；二是新的有效的问题解决思路的实现（新异联系的形成）；三是个体会有一种恍然大悟的感觉，伴随着强烈的"啊哈"体验。这三个要素是判断是否发生顿悟的标准。

顿悟是否具有特殊性

虽然顿悟是几乎人人都会有的体验，而且人们直觉地认为顿悟的过程是非常特殊的过程；但是顿悟是否能够被研究以及顿悟是否真的不同于其他问题解决的过程，并不能从直观上直接回答。有一种观点强调顿悟的特殊性，甚至认为顿悟过于特殊，视之为"神启"，即顿悟不是由人脑自己产生的，而是由超自然或者超常规的力量赋予的，这就使得顿悟变成一种神秘的"心灵感应"而难以被研究；另一种观点则与此相反，认为顿悟同其他问题解决过程相比并无特殊之处，认为人们顿悟式地解决问题无非是在以前的知识和技能的基础上作一些重组，使之适合于当前的问题情境而已。

认为顿悟是"神启"的想法仅仅属于少数人的一种信念，并没有实验依据。而认为顿悟没有特殊性的观点，则是来自一些实验观察。首先是解决"九点问题"的例子，研究发现在解决"九点问题"时，向被试提供关键性的提示（如"这个问题只有在把直线画出九点矩阵所圈定的框子以外时才能解决"），并不能有效地促成问题的解决，相反，如果让被试做与此问题高度类似的练习，则他们解决此问题的可能性就会增加很多。其次是解决"古币问题"的例子，问题是这样的："有人想向一位商人出售一枚精美的古代青铜钱币，钱币的正面是一位皇帝的头像，反面写着'公元前 554 年'，这位商人看了一下钱币，便断定它是假的，这是为什么？"很多被试都能顺利地解决这个问题，这是因为他们意识到生活在公元前的人其实并不能预知未来会有这样的纪年方式，但是研究者观察到，大部分被试在解决这个问题时并没有表现出通常所说的"啊哈"感。第三是计算机模拟科学发现的例子。曾有人用计算机模型成功地模拟了各领域重大科学发现的产生过程，有趣的是研究者所采用的仅是用以解决普通问题的常规程序，并未加入任何新的因素，这说明突破性发现的产生似乎无须新的认知成分参与。

但坚持顿悟过程特殊性的研究者不同意上述观点，他们的反驳有以下几个论点：（1）人们在解决"九点问题"时所遇到的困难是多重的，单一的提示不足以提供有力的帮助。Kershaw 和 Ohlsson 的实验证明，要解决"九点问题"，被试者不但要能够在没有黑点的空白处让直线拐弯，还要能够想象出在成功解决问题时四条直线所构成的形状——一个类似箭头的图形，实验证实，如果给被试只提供针对其中某一种障碍的训练，被试成功解决问题的可能性并没有多大提高，而如果给被试提供能帮助其克服多重困难的复合训练，则被试解决问题的可能性就大大地增加了[29]。（2）对于"古币问题"的研究，一个直接的反驳是"古币问题"不包含重构过程，要解决这个问题，被试只需仔细审视谜面上所提供的信息即可，因此这并不是一个典型的顿悟问题。（3）对于用计算机程序模拟重大科学发现的研究，其问题在于首先必须预先定义某个初始状态，并制定一系列的运算原则，进而令程序运转从而获得结果。但事实上人们无法保证他们为计算机所设立的初始状态以及定义问题的方式，与科学家在做出那些重大发现时的问题表征方式是一样的，因而也就无法推知科学家做出那些重大发现是否借用了非同一般的认知过程。

迄今为止，关于是否存在一个独特的顿悟式的问题解决过程，主要是通过以下几个方面进行研究的：（1）做出重大科学发现、技术发明的科学家以及创造艺术杰作的艺术家的内省报告；（2）有关动物与儿童的问题解决过程的广泛的实验观察；（3）顿悟式问题解决过程的特点的研究。这些过程中有一些可能有别于常规问题解决的认知特性，其中最为突出的是以下两点，一是顿悟过程不易用言语来表达，二是顿悟过程的来临不受元认知机制的有效监测。从严格的意义上讲，要在研究中确切地检验顿悟过程是否存在特殊之处，必须至少包含"顿悟"与"非顿悟"两种条件，并在这两种条件之间进行直接的比较。但事实上除了少数研究（如在 Metcalfe 等的研究中比较了顿悟问题与非顿悟问题的元记忆监控特征[30]；在 Knoblich 等的研究中比较了一般性运算中的火柴移动与组块破解时的火柴移动的认知及眼动特征），绝大部分有关顿悟的研究只是简单地选取了一项或者多项经典的顿悟问题作为实验材料，但并没有包含供参照和对比的"非顿悟"的实验条件，因此并不能很好地达到判决性实验的条件[31]。

总之，从目前的情况看，对于顿悟的过程是否有特殊性的问题，还不能定论。即使有的学者认为在脑功能成像的研究中可以对比顿悟过程和一般的问题解决过程参与的脑区活动情况，但是实际上即使发现这两种条件下参与的脑区有所不同，这种差异也可能仅仅是由任务的背景有所变动造成的。当然，即使顿悟的过程是否有特殊性的问题还没有完全弄清楚，也并不妨碍我们对顿悟过程的研究。从认知过程的角度来看，我们也能得出"顿悟并不特殊"的结论。

顿悟的认知过程

从认知过程来说，问题解决就是在问题空间中找到从初始状态出发到达目标状态的途径；不管顿悟是否特殊，它总归是问题解决的一个途径。在一般情况下，个体可以通过回忆已有知识经验来实现这个过程；然而，在许多情况下，这个途径是很难被发现的，有时候，思考的方向不对，无论付出多大的努力，也无法找到解决问题的途径。

受一些科学家问题解决过程的内省报告的影响，以及一些被人们传颂的事例（比如牛顿的苹果、瓦特的水壶等等）的影响，有的认知心理学家提出了顿悟过程的"原型启发"的假说。这个假说认为，如果受到原型的启发，就可以运用原型中所包含的启发信息，使问题空间中的途径搜索从算法式转变为高效率的启发式，从而促进问题的快速解决。顿悟的"原型启发"包含两个信息加工阶段：第一阶段是"原型激活"，即想到对眼前问题有启发作用的某个已知事物（原型）；第二阶段是原型中的"关键启发信息利用"，即想到原型中所隐含的某个关键信息（如原理、规则、方法等）对眼前问题的解决有启发作用。这个假说得到了一些实验结果的支持。

心理学家认为，最终解决问题的个体之所以能够从表面上无关的原型事物中获得启发信息，第一是因为人脑具有一种"自动响应机制"，即问题解决者在不经意间遇到表面上无关的原型事物时，头脑中的"科学难题"会自动激活，因此很容易将原型事物中所包含的启发信息运用于"科学难题"的解决（获得灵感），从而换用高效率的启发式搜索；第二是因为这些个体可能"独具慧眼"，因为他们在"大脑自动响应机制"方面具有一定的优势。

"大脑自动响应机制"是如何实现的呢？这或许可以从语义网络的

理论中获得解释。问题解决者在遇到表面上无关的原型事物时之所以能够自动激活"科学难题",是因为原型表征中所包含的特定语义激活了"问题表征"中的共同语义成分,并由此激活了整个"问题表征",因此问题解决者就可以在工作记忆中同时加工"原型"和"问题",并从原型的"构造"中获得启发信息,从而获得解决"问题空间"中缺失的对"功能目标表征的构造"。

为什么有的个体能够更加"独具慧眼"呢?根据原型启发理论,可以提出如下的假设:一方面,这些个体对"科学难题"具有更高的"孜孜不倦"的追求,即具有更强的"蔡格尼克效应"。蔡格尼克效应是指,人们对于那些未能完成的任务的记忆有时会比对已完成任务的记忆更好。而个体对问题的孜孜不倦的追求会导致对问题的感受性提高(激活的阈限降低),因此更容易在面对原型的时候激活"科学难题"。另一方面,对原型的表征和对问题的表征是同时存在的,两者本质上是一种并行加工;那些能够利用原型解决问题的个体,可能更加善于处理这两者的平行加工。

2.1.2.3 影响创造力的因素

创造力是非常复杂的能力。例如,可以是解一般的谜题,也可以是解决复杂科学问题;可以是解决某个具体问题的能力,也可以是颠覆一个既有的理论系统的能力。这些能力是不是同一种能力的不同体现呢?这是一个不太容易回答的问题。在当前认知心理学的框架下,创新始终是和问题解决结合在一起的。在问题解决的范式下,不管是什么层面的问题的解决,都可以抽象化为"在问题空间中寻找路径"。这种抽象为研究者提供了方便;然而从直观上可以感觉到,不同层面的问题解决是有差异的。人们从实际的经验中,可以发现有些对一般的谜题能快速解答的人,却常常并不能驾驭系统性的复杂问题。我们倾向于认为,解决谜题的创造力和面向更复杂的情境时的创造力是两类有关联但不太相同的能力。当前对创造力的机制的研究由于手段的限制，主要集中在解决谜题的创造力研究，而对面向复杂情境的创造力研究则较多地从一些外部因素的探索来间接地了解其规律。下面介绍影响创造力的一些简单的外部因素。通过对这些外部因素的解读，可以帮助人们了解，一个优秀的科研工作者展现出高创新才能的背后，都体现了哪些个人经历和修养。

一、独处与创新能力

人在独处时更富有创造性，有很多人因独处，甚至被迫独处，而产生伟大的作品。研究发现一些富有创造性的天才人物，均从主动选择的独处中获益。有的创造力模型认为独处是提高创造力的关键因素之一。很多具有创造性的人物从儿童期开始就偏好独处，因为独处提供给他们阅读、练习和获得相关技能的机会。对儿童和青少年的研究发现：高内省的青少年花更多的时间独处并且更有可能参与与艺术和文化有关的活动。天才少年也比一般的学生花更多的时间独处，他们在独处时更积极，并且学会享受单独活动。有研究者认为，综合来说，青少年的创造力发展有赖于一定的独处活动，例如一个人玩乐器或写诗等，因此无法忍受独处的青少年通常无法完全发挥其创造力潜能。

不过需要说明一点，这里讲的独处是一种主动的积极的过程，而不是消极的孤独感。孤独感是指当个体不满意自身人际关系现状、其交往渴望与实际交往水平存在差距时产生的主观心理感受。在独处中，个体也可能体会到寂寞感，不过独处中的情绪体验是开放的，可以容纳任何情绪体验；特别是在个体主动选择的独处中，伴随着更多的积极体验。事实上，在积极独处中个体表达了对独处的渴望并报告对环境有更好的控制感，个体体验到快乐、放松、自由和乐观，更能集中注意力；积极独处与情绪、创造力、自尊均存在显著正相关。这些可能正是有"享受独立的能力"的人群具有较高创造力的中介因素。

二、自尊与创造力

如上文所说，积极的独处有助于提升个体的自尊。对自尊和创造力的关系的研究表明，自尊和创造力之间存在显著的正相关，不过需要说明的是，这里所说的创造力是单纯就人格方面而言的，并不以创造的结果来评判。自尊为什么会对创造力起作用呢？事实上，评价和规则一样，会左右人的行为表现。个体的自尊越高，越不会怀疑自己的能力与价值，因此个体越会信任自己，会积极地去体验自我、表现自我的潜能，因而有较佳的创造力；反之，个体对于自己持负面自我评价时，倾向于怀疑、否认自我的能力与价值，从而降低了体验自我的愿望，因此也难以发挥自我的创造能力。

三、环境与创造力

从客观的研究结果来看，虽然个体的自尊越高越具有创造倾向，但是不一定能表现出具体的创造结果。创造倾向要转化为创造结果，还受其他因素的影响。很多创造力理论都认为，环境是影响创造结果的重要因素：开放的、支持性的环境有利于个体进行创造活动，并能够培养和促进个体创造力的发展；而封闭的、压制的环境会破坏个体的好奇心和探索兴趣，不利于个体进行创造活动。比如，Goyal 基于课堂气氛对学生创造力的影响的研究，得出开放课堂的气氛增强学生的好奇心和冒险精神，在创造力的流畅性、独创性和灵活性指标上都要好于传统课堂的结果 [32]。

四、激励与创造力

如果说主动的独处是内在的驱动，激励就是外在的驱动。在对动物的强化实验中，人们已经知道激励促使动物建立条件反射。而对更高级的动物或人来说，激励可以通过动机来影响认知过程。当然过高的动机水平和过低的动机水平对于解决问题都是不利的，而激励对动机的作用又受到个体本身的影响，比如对很饿的人和很饱的人，相同的食物就会产生不同的动机水平。因此激励与创造力之间会表现出更加复杂的关系。在理想的情况下，针对不同的个体，给出适当程度的奖励，对创造力的激发会有积极的作用。Amabile 从评价、奖励与任务限制、社会促进、榜样及学校教育、家庭、社会政治文化等方面，集中探讨了影响创造力发挥的社会激励条件。结果发现，社会激励因素对创造力的影响并非都是积极的，如在监督下工作、限制反应以获得好评和物质奖励等反而会限制个体的创造力 [33]。

2.1.3　规划与设计

科学研究工作的规划与设计是科研的重要部分。这一节先介绍科学研究不同阶段的规划与设计，再讨论相关的认知规律。

2.1.3.1　科研过程中的规划与设计

在科学研究的各个阶段都需要规划与设计。

在研究工作选题的阶段中，规划和设计主要体现在对预期成果的把握上。通常在选题中，会结合自己对成果的预期（开创性的成果还是补充性的成果）以及自身实际的实现能力来确定选题。在选题过程中，实际上不断地生成预期并对未来的实现进行评估，进而做出对选题的取舍。在选题完成时，实际上已经对整个研究的形态（包括过程和结果）形成了结构化的初步图景。

在实验设计与实施阶段中，也有规划与设计过程。实验设计本身是规划与设计过程的高度体现。而实施的过程中，也包含规划和设计的过程，因为实施过程中，经常会遇到不符合预期的情况，这时候就需要对实验设计进行重构，由于已经有了实际的实验结果作为输入，实验设计中会引入越来越充分的信息。

在结果分析和解释的阶段，规划与设计也有作用。一方面，规划和设计使得结果分析和解释有明确方向，可以做出接受或拒绝假说的判断；另一方面，规划和设计也会存在负面作用，可能让研究者仅关注到已经被设计和规划的信息而无视了可能更加重要的信息。

2.1.3.2 "预见未来"与实验设计

实验设计是为了获得一定的实验结果而对实验进行的提前的规划和设计。实验设计中包括对实验条件及实验仪器的要求、实验操作的设计、实验结果的预计以及对实验中可能出现的错误和异常的防范措施。从认知的角度来看，实验设计中的认知过程，都是对尚未发生的事件的信息加工。在这种独特的认知过程中，需要一般的"预见未来"的认知能力以及科研中特别需要的理性推理能力。

预见未来，有两种相关却不同的能力，即关于未来的情景记忆和前瞻记忆；这两种能力都与规划与设计有关。关于未来的情景记忆是对未来可能发生的事件的预见，这种能力使得科研工作者在实验尚未进行的时候就对实验的结果进行预测，从而设计出比较合理的实验方案。前瞻记忆是对在未来特定条件下要做出对应行动的记忆，这个能力使得科研工作者在实验设计中，预先确定一系列的实验操作及其触发条件。下面对这两种能力进行说明。

一、关于未来的情景记忆

在 Tulving 情景记忆理论的基础上，研究者提出了基于情景记忆的预见过程的理论，指出这个过程是个体关于有关个人的未来事件的预见过程 [34]。虽然情景记忆是关于个体体验的记忆，但是对于情景记忆前瞻成分的研究，同样有助于揭示一般的预见过程的规律。

进化和发展

预见能力的出现，使个体能够为了增加未来的生存机会而在当前采取行动，这是人类发展史上关键的一步，一直被看作是人类独有的一种高级心理能力。根据 Bischof-Köhler 等的假说，只有人类才能够灵活地预期关于自己未来需要的心理状态，并以现在的行动来保证这种需要得以满足，而动物则是被束缚在由它们当前动机状态所定义的"现在" [35]。

虽然近期有些证据表明某些动物也具有一定的预见能力；但总的

趋势是，研究者采取谨慎的态度，在承认某些动物具有一定未来定向能力的同时，强调它们与人类的预见能力的本质区别。我们需要了解一下某些动物的预见能力的实例，来更好地了解人类和动物的预见能力的分野。

考虑到猿类与人在进化上的亲缘关系，以及工具的制造所反映的为未来做计划的能力，人们考察过猿类与工具有关的行为。有研究表明，倭黑猩猩和黄猩猩也能够选择、运输和保存适合的工具，以备未来（14 个小时以后）使用，说明大猿能够依据未来的可能结果，而在当前采取相应的行动[36]。Osvath 等人基于工具使用的一系列的四个实验，也证明了黑猩猩和黄猩猩能够为未来的需要，克服即时的驱动力，在心理上对未来事件进行预先体验[37]。他们通过自然观察还发现，一只雄性的黑猩猩能够自发地为未来做准备：它会在早晨时准备甚至制造石块，中午的时候用这些石块来攻击游客[38]。也就是说，预见能力的雏形可能在 1400 万年前（所有现存猿类的共同祖先的身上）就存在。

对延迟满足能力的研究也从另一个角度证实了这一点。研究者发现，倭黑猩猩和黑猩猩（大猿）能够为获取较多食物而等待更长时间[39]，但恒河猴（旧大陆猴）则很少能够做到这一点[40]，这意味着，未来定向的决策能力的内核至少在人类从大猿分化之前就出现了。

除了与人类具有高度基因相似性的大猿外，一些鸟类（如灌丛鸦）由于环境的要求也发展出了这种特化的能力，它们能够利用过去的信息为未来做打算。Emery 和 Clayton 的研究发现，灌丛鸦会将自己偷食的经历与未来被同伴偷食的可能性联系起来：当被同伴看到藏食过程时，它们会在一段时间后重新藏食，以防被看到的灌丛鸦同伴偷食[41]。同时，它们还会隐藏某些线索（如声音）以防同伴得到它们藏食的信息[42]。此外，灌丛鸦还能够根据藏食的种类和时间来选择取食地点[43]。如果它们贮存了坚果和小虫，会更愿意在藏食后较短时间内去取小虫，因为新鲜的虫子味道鲜美；如果小虫贮存的时间比较长，它们会去取坚果，因为小虫会在这段时间里腐烂[44]。但也有研究者提出了其他的可能解释[45, 46]，比如这种取食行为可能仅仅是客体与地点的联结性学习。或者说动物的行为是由当前动机状态而并非未来需要所驱动的，所以它们并不是预见能力的表现。相关研究者则从不同角度对这些质疑进行了回应[47-49]。如 Correia 等人通过控制灌丛鸦的饱食状态来分离当前和未来的动机状态。结果表明，灌丛鸦在已经处于饱食状态下，为了防止以后的饥饿而提前几个小时甚至一天时间来储存松树种子，这说明在当前动机状态和即时需要与未来需要相悖的时候，灌丛鸦能够在当前做出对未来有益的行为。Raby 等人（2007）的研究也表明，灌丛鸦能够自发地为未来做计划，而不受当前动机状态的影响。

如果说对不同物种的考察和比较是在逐步地澄清预见能力的种系发生的脉络，那么对人类儿童的相关探讨就是从个体发生的角度描绘和解释预见能力的发生发展轨迹。有研究者从不同角度对这一发展进程进行了考察。Busby 和 Suddendorf 采用访谈法探讨了 3—5 岁儿童回忆过去和想象未来的能力。结果发现，4 岁左右的儿童才能准确地回答"昨天发生了什么""明天会发生什么"的问题。同时，这组研究者又采用非言语范式，考察了多大年龄的儿童才能够根据对未来状态的预期而在当前做出适应性的选择[50]。他们发现，4 岁以上的儿童才能够为了避免未来的无聊而在当前做出正确的选择。以上研究表明，4 岁左右的儿童开始能够想象未来，并根据未来可能的状况而在当前表现出适宜的行为。

很多研究表明，对于成人而言，想象未来的基础是个体过去的经验[51]。那么幼儿是如何做出这种预期的呢？而 Lagattuta 对 3 到 6 岁幼儿的研究发现，4 岁儿童才开始具有根据过去的经验思考未来可能的情绪和行为的知识，并且随着年龄的增长，正确反应的频率会越来越高[52]。虽然 4 岁儿童已经开始展现出一定的预见能力，能够根据过去的经验对未来做合理的推测和计划，但有研究表明，他们为未来所做的选择还是会受到当前愿望的误导[53]。实验以 3—5 岁幼儿为研究对象，并将情境分成干预情境和基线情境。在干预情境下，儿童边听故事，边吃椒盐饼干（导致口渴）。12 分钟后，将剩余的椒盐饼干拿走，让儿童完成其他的任务。10 分钟后让儿童在水和椒盐饼干之间做选择。在基线情境下，除了不给幼儿吃椒盐饼干外，其余程序相同。接下来，由干预情境和基线情境中一半的儿童为未来做选择：实验者询问儿童明天做游戏的时候，他们是想吃椒盐饼干还是喝水。而另一半儿童为现在做选择，也就是询问儿童现在想吃椒盐饼干还是喝水。最后，会给儿童一些水，以确定他们是不是真的口渴了。研究结果表明，在两类基线情境中，大部分儿童的选择都是椒盐饼干，表明他们在不渴的状态下，更喜欢吃椒盐饼干。而在干预情境下，无论是为现在还是为明天做选择，很多 3~5 岁的幼儿都会选择水。也就是说，由于受到当前需要（口渴要喝水）的误导，幼儿无法预期到明天会更想要椒盐饼干。幼儿当前的状态之所以会影响他们对未来所做的选择，可能是因为他们在试图想象自己在一种不同于当前的状态时产生一定困难[54]。

虽然之前的研究提示，较小的幼儿就已经有了一些与预见能力相关的行为表现，但是直接的实验证据仅能够证明，幼儿在 4 岁以后才能表现出这种能力。有研究者提出，儿童在 2 岁左右发展出未来感，3—4 岁出现模拟和预先体验未来的能力[55]，到 4—5 岁才会出现计划的能力[56]。但是，研究发现 4 岁儿童才能够对未来事件进行模拟[57]，或者根据对未来状态的预期在当前做出相应行为[58]，而且这种预见能力还会受到儿童当前状态的影响[59]。

这种矛盾的结果可能来源于研究任务。有一种解释是 3 岁或者 3 岁半左右的幼儿已经能够在头脑中模拟未来事件，但是实验任务中介入了其他认知能力，如语言或抑制控制能力，为基本的预见能力的表达设置了障碍。不过这类问题是研究认知能力早期发展所遇到的普遍障碍，即便如此，从这些研究中，人们也能看到预见未来的能力的发展趋势。

认知规律

为了分析和解释个体的预见过程，Schacter 和 Addis 提出了建构—情景—模拟假说（constructive – episodic – simulation hypothesis）。这个假说认为，人们利用记忆中的信息来模拟未来事件，但这些预期并不是对过去事件的精确复制，而是根据建构的原则进行加工：个体提取过去事件的元素和要点，将其重新组合，建构成从未发生过的想象事件。这个假说强调以下两点，一是个体过去的经历是其预见未来的基本信息来源和重要基础，二是个体对未来事件的模拟具有重构性，是对记忆信息进行重新组合的过程。这两点都得到了一些行为实验的支持[60]。

对于过去事件在预见未来事件中的作用，研究者分别从不同角度进行了证实[61, 62]。D'Argembeau 和 Van der Linden 的研究要求被试在头脑中"重新经历"（回溯）或者"提前经历"（预期）近期或者远期（按距离当前时距划分）的事件，然后评价这些事件的现象学特征[63]。结果发现，无论是过去还是现在，近期的事件表征包含更多的知觉和情境细节，从而产生更强烈的体验。也就是说，时间距离对于回忆过去和想象未来所产生的主观体验有着相似的影响。他们又从个体差异的角度进行考察，假设情景记忆和预见能力存在相似的认知加工机制，在想象未来时应该也有回忆过去时存在的个体差异[64]。结果验证了这一假设，他们发现，无论是回忆过去还是想象未来，视觉想象力水平高的个体会体验到更多的视觉及其他感觉上的细节，而习惯性地使用抑制调节情绪的个体则体验较少的知觉、情境和情绪细节。以上研究显示，有些因素对回忆过去和想象未来的影响是相似的，但这只说明两者可能具有一些相似的特点。如果以此推论"预见的内容来源于个体过去经历的事件"，显然还不够充分。而 Szpunar 和 McDermott 的实验结果则在此基础上给出了更有说服力的证据。他们的研究分别要求被试（大学本科生）在熟悉（如家）或陌生（如丛林）的环境下，在近期（如高中）或远期（如大学校园）经历过的情境下想象未来一周可能发生的事情。显然，被试在熟悉或近期经历过的情境中拥有丰富的可利用的个人经验，而在新异或远期经历过的情境中拥有的个人经验很少，或者很模糊。如果被试在信息丰富的情境下对未来的想象更加具体生动，主观体验更强，则被试在建构个人未来事件时会采用记忆中的信息，实验结果证实了这一假设[65]。

　　虽然情景记忆在个体建构未来事件时发挥着重要的作用，但是预期未来还有其独特的信息加工过程[66, 67]。Berntsen 和 Jacobsen 的日记研究发现，与对过去的回忆相比，对未来的想象包含更多积极生动的表征[68]。还有研究者对预见过程的影响因素进行了探讨，其中最系统深入的，是时间距离的远近对个体想象未来的影响[69]。根据建构水平理论（Construal Level Theory，CLT），对远期未来事件的预期是一种高水平的建构，它们是抽象的、纲领性的，抽取了已有信息中的精髓，是去情境化的表征；而对近期未来事件的预期则是一种低水平的建构，它是具体的、相对没有组织的，包含事件下属和次要特征的情境化表征。由于高水平的建构抓住了事件的上属和核心特征，能够随时间距离的延伸相对保持不变，因此时间距离较远的事件会被以一种更抽象的形式进行表征，使得跨越时间距离的预测成为可能[70]。有研究采用了词汇分类任务证实了时间距离对预期内容抽象程度的影响[71]。在这项研究中，让被试想象将要发生在近期或者远期的情境（如野炊），并将一组相关的事物（帐篷、球、打气管）归入他们认为合适的组里。结果表明，被试在想象远期情境时，对这些物体的归类更少，每个种类也更加一般和概括。也就是说，时间距离的增加会促进更抽象概念的使用。

　　然而由于对远期事件进行的高水平建构过于抽象，包含较少的偶然和情境因素，因此人们做远期计划时很容易忽略一些细节，降低判断的准确性[72]。Gilbert 和 Wilson 提出，个体在模拟未来事件的时候，①常常会采用非常态的事件和近期的事件，而不是平时经常发生的事件；②会忽略事件中一些非重点的特征，而且越遥远的未来事件越可能以一种高水平的、抽象的和简单的方式进行建构；③倾向于表征未来事件早期的状况，而容易忽略后面发生的状况；④常常忽略现在和未来存在的情境差异，但是当被鼓励去考虑相关的情境差异因素时，他们的预期会变得更加准确[73, 74]。

近期的研究还发现，个体在预期未来的情感反应方面对可参考信息源的选择会存在误区。例如，与掌握某个社会事件本身的信息相比，当个体知道自己的朋友对这个事件是如何反应时，他们能够更准确地预测自己对这个未来事件的情感反应，但是人们常常不相信会如此受朋友的影响[75]。

二、前瞻记忆

前瞻记忆（prospective memory）是指对预定事件或行为的记忆。例如，要记住在下班回家的路上买几张邮票或在一小时后给朋友打个电话等等，前瞻记忆是相对回溯记忆（retrospective memory）而提出的，它是一种特殊的长时记忆。回溯记忆是指对过去已发生过的事件或行为的记忆，如关于早饭吃过什么，或昨天看过的演出有哪些节目的记忆，这是传统记忆心理学研究的主要内容。

在 20 世纪 70 年代以前，涉及前瞻记忆的研究仅把它作为记忆任务的一种，没有使它独立出来成为和回溯记忆互补的一个记忆研究领域。从 70 年代开始，人们对自 Ebbinghaus 以来的记忆研究进行了深刻的反思，认为近百年来传统的记忆研究并没有解决有关记忆的真正重要的问题，不少人对记忆研究没有走入生活、指导生活的状况进行了尖锐的批评，在这种时代精神的召唤下，提出了诸如自传体记忆、证人证词记忆、闪光灯记忆等从现实生活中提炼出来的记忆课题，前瞻记忆是其中具有鲜明特色的一个，并在近年成为记忆心理学的热点问题。有关前瞻记忆的研究论文呈逐年递增的趋势，并深入到心理学的各个领域，在认知心理学、临床心理学、发展心理学以及教育心理学中都能看到对前瞻记忆日益浓厚的研究兴趣。2000 年 7 月在英国赫特福德大学召开第一届国际前瞻记忆学术研讨会，2001 年 *Applied Cognitive Psychology* 就此出版一个特刊，这些都显示前瞻记忆的重要性已获得广泛认同，并受到越来越多的关注。

前瞻记忆和回溯记忆有很大不同，最根本的区别在于前瞻记忆任务包括两种成分，一种是自发启动先前意向（intention）的前瞻成分，另一种是对意向内容进行提取的回溯成分，前者是回溯记忆没有的，被试既可以忘了前瞻成分而记得回溯成分，也可以相反。其次，两者的储存不同，被试对于同样的记忆内容，如遇到某一单词就按某一反应键，作为前瞻记忆任务比回溯记忆任务处于更高的激活水平，更容易记忆和提取。实验研究也显示对于正常被试两者的测验成绩无关或相关很小。此外，前瞻记忆的特殊性还来自它和人们的社会交往有更为密切的关系，而不仅是个人的认知问题。

由于前瞻记忆和回溯记忆之间存在的差异，前瞻记忆在研究方法上与回溯记忆有所不同。早期有关前瞻记忆的研究带有浓厚的自然主义色彩，不同于传统的记忆实验法，而是要求被试完成问卷，或在需要交回的问卷某处写上日期和时间，让被试保存记忆失败的日记，以及在某个特定的时间邮寄明信片或打电话给实验者（Meacham & Leiman，1975/1982）。进一步的技术还有模拟服药片任务，即让被试带回去一个小盒子，每天定时按盒上的按钮，里面的装置自动记录时间；还有让孩子们把冰鞋带到学校；对电影协会会员考察将要看到的电影的名字等等。这些方法都不能严格控制和评估被试使用记忆策略，也不能控制被试虽然记得某个要执行的任务，而出于种种原因没有履行等问题，因此在实验方法上是有缺陷的。

20世纪七八十年代，前瞻记忆的实验研究进行过许多尝试，但未能找到令人满意的范式。1990年Einstein和McDaniel发展了一种前瞻记忆实验室研究的方法，具体操作如下：实验开始时告诉被试短时记忆（回溯记忆）任务；接着告知前瞻记忆任务，即在完成一系列短时记忆任务时若碰到某个特定的单词（靶事件）就按下反应键；短时记忆任务开始执行前要求被试先完成一些干扰任务，以避免前瞻记忆任务保存在工作记忆中，并产生一定程度的遗忘；然后才执行嵌有规定靶词的短时记忆任务；最后根据按下反应键的正确率评估前瞻记忆任务的执行情况。其后的实验研究大都采用这种范式，不同的只是前瞻记忆任务、干扰任务、靶事件及所嵌入的回溯记忆任务的形式与内容根据不同的实验目的作了相应的变化。如前瞻记忆任务可能是简单地写一个词或作一个记号，也可能是完成某一动作；干扰任务采用喜爱程度评估或面孔再认等；靶事件可能是一个动作、一个符号甚至一个特定的间隔和顺序；回溯记忆任务则可能是阅读文章或短时记忆等。这种范式操作性强，各个变量的影响已较为人所熟知，非常适合基于事件（event-based）的前瞻记忆任务，即有外部线索可以引导提取先前意向的任务；对于基于时间（time-based）的任务，如半小时后开会，提取过程没有外部线索引导而需要自己启动，则较难操作，现场情景模拟法则可能是一种有效的方法。

经过 20 多年的发展，在前瞻记忆方面积累了一定的实验数据并提出了一些理论假设，关于前瞻记忆的研究方法也有很大进步。但它作为一个尚处在研究初始阶段的记忆课题，还缺乏精确的直接的实验数据，在一些重要议题上仍存在许多分歧和不足，如前瞻记忆究竟是指与使一个人回忆过去经验的认知系统正交的结构或模式活动的外部标志，还是仅指涉及实现一个以前意向的个人经历和外部行为；实验对前瞻记忆和回溯记忆的分离，是由于内部机制根本不同还是只反映实验程序和参数的不同。前瞻记忆的损伤主要和额叶有关，但精确的机能定位和生理过程还有待研究；尽管人们普遍认为前瞻记忆和元记忆的关系十分密切，但其中的关联机制到底如何尚不清楚。

然而实验资料的不足和理论观点的分歧恰恰表明这是一个大有可为的领域。在理论方面，对前瞻记忆的深入探讨对完善记忆的理论体系、明晰记忆的内部加工机制以及确立记忆的神经机制都将具有重要的意义；在实践应用方面，这方面的研究可以为普遍存在的老年人前瞻记忆困扰问题提供切实的帮助方案，提高老年人的社会生活和个人生活质量；在临床上，将帮助患者更好地配合治疗，有效地检测某些疾病。群体前瞻记忆的研究，如公众对各项规划的执行情况和领导人竞选承诺的兑现情况等的评估，对政治经济的影响同样难以忽视。近年来内隐记忆研究方法理论的日臻完善，为前瞻记忆的研究带来极大的便利，产生了积极的促进作用，依托内隐记忆的实验技术和有关的理论思想，相信前瞻记忆能够迅速成为记忆研究的新的亮点。

2.1.4 推理与发现规律

推理与发现规律是科研工作中重要的认知活动。这一节先简单介绍科学研究不同阶段的推理，再详细讨论推理的规律。

2.1.4.1 科研过程中的推理

推理这一认知活动存在于科学研究的不同阶段，包括研究工作的选题、实验方案的设计、实验工作的实施、实验数据的分析及实验结果的解释。

在研究工作选题阶段，主要包括两个方面的推理活动。一方面是对"什么事未知"的判断，另一方面是对"研究的价值"的判断。它们都与研究者对研究目标的选择密切相关。

在对未知的对象作判断时，既有外显的推理，也有内隐的推理。在许多情况下，科研工作者首先由内隐推理产生直觉性的判断，而后由外显推理作出选择与确认。这些推理总是在对相关领域的先验知识基础上进行的。

在对研究价值作判断时，除了主观情感的因素外，还可以从认知的概率理论这一角度来分析。在实验方案的设计阶段和实验工作的实施阶段，推理过程主要表现为科研工作者不断进行迭代的贝叶斯过程（详见后面的说明）。在设计阶段，科研工作者依据与研究相关的时间塑造贝叶斯推理，而在实施阶段，科研工作者依据实际的事件塑造贝叶斯推理。在实验数据的分析阶段和试验结果的解释阶段，由于存在科研规范，科研工作者的推理主要以遵循形式逻辑的规律，结合实际的发现和已有的知识进行分析和解释。

科学实验包括验证性实验和探索性实验。验证性实验是对包含先验规律的理论进行检验，而探索性实验是直接从实验中发现新的规律。那些在实验前存在完整的理论假设的实验，比较接近验证性实验。那些在实验前并不存在完整的理论假设的情况，则需要从实验数据中提炼规律。因此，科学实验的作用大致可以分成两种，一种是验证理论或者假设，另一种则是直接从实验现象中探索新的规律。对理论或者假设的验证，必须遵循严格的学术规范，将理论的预测和实验的实际结果进行对比，从而做出接受或否定原有理论或者假设的判断。而对于直接从实验现象中探索新的规律的实验，则更大程度上依赖于实验过程本身的发展，但有时还有一些偶然因素以及科学家自身的灵感、顿悟、敏感性等主观因素。在有定式思维的情况下发现规律更为困难。

从过程上来看，这两类实验看似各自对应着不同的过程：验证性实验是新的知识从已有的知识中逐步演化而来的过程；探索性实验是新的知识突然就产生了，然后再从已有的知识中去寻求支撑的过程。不过从心理活动来看，这两个过程的实质上的差别并不在于产生新知识的顺序，而是在于新知识的产生是有意识的，还是无意识的。从旧的知识或已有的数据中推衍出新知识的过程，是外显的推理的结果；而新的知识（特指新的假设）突然产生，不是科研人员的外显推理，而是在无意识中推衍已有知识的结果。因此我们在下面分别对外显的推理和内隐的推理这两方面进行讨论。

2.1.4.2　外显的推理——形式逻辑的认知规律

形式逻辑是现代科学的基础。下面先说明两类简单的形式逻辑的认知规律，即条件推理和传递性关系推理。

一、条件推理

条件推理是一种最简单的演绎推理，哲学家、逻辑学家和心理学家都从不同的角度对它做过广泛的研究。从心理学的角度来看，它的研究范式是首先呈现给被试一个"如果 p，那么 q"的条件规则，接着给出四种不同的前提（p、q、非 p、非 q）。在逻辑上，如果给出条件 p，那么被试应得出结论 q；给出条件非 q，那么应得出结论非 p，它们都是有效的推理形式。前者称为肯定前件式（modus ponens，MP），后者称为否定后件式（modus tollens，MT）。如果给出条件非 p，那么得出结论非 q；给出条件 q，那么得出结论 p，这样的两种推理形式分别称为否定前件式（denying the antecedent，DA）和肯定后件式（affirming the consequent，AC）。就形式逻辑而言，这两种推理形式在日常生活中是不应出现的，因为在否定前件和肯定后件的情况下都不能得出有效的结论。

对条件推理的研究最早起源于 Wason（1966）的选择任务（the selection task），也称四卡（即四张卡片的选择）问题。它的经典范式是通过给被试呈现一个"如果 p（前件），那么 q（后件）"的条件命题，并同时提供四张卡片，正反两面都是一面标有前件的情况（肯定或否定），另一面标有后件的情况（肯定或否定），整齐排列的四张卡片的正面分别安排了四种不同的逻辑情况：肯定的前件（p）、否定的前件（非 p）、肯定的后件（q）、否定的后件（非 q）。被试的任务是对上述命题（"如果 p，那么 q"）进行检验时选择所必须翻动的卡片，也就是进行条件推理。按照形式逻辑规则，正确的选择应该是卡片 p 和卡片非 q。然而实验结果表明，只有约 10% 的被试作出了正确的选择，而有近 50% 的被试选择了卡片 p 和卡片 q，有 33% 的被试仅选择了卡片 p，其他一些被试还做出了另外一些错误的选择，如选择卡片 q 和卡片非 p 等[76]。研究者们针对四卡问题所揭示出来的现象，提出了不同的理论观点，主要有：（1）内容理论。Wason 认为命题内容的具体性可以产生促进效应[77]。Cheng 等人进一步提出了所谓的语用图式理论，认为人们具有一些概括性的知识（图式），在提供情境说明的情况下，就能在推理中激活相关图式，如允许图式（"只有……才……"）和义务图式（"如果……就应该……"），从而产生促进效应[78]。（2）偏向理论。该理论认为人们在推理时，容易受表面策略或认知偏向的影响。Evans 和 Lynch 指出在选择任务中存在匹配偏向（matching bias），即个体总是倾向于选择命题或规则中提到的项目[79]。（3）换位理论。Margolis 认为人们很可能是把单向的条件句理解成了双向的充分必要条件句，导致了大部分人倾向于选择卡片 p 和 q[80]。以上各种理论在特定的实验中分别得到了一定程度的证实，但是却无法被广泛认可，因而不具有理论解释的普遍性和一致性，这也是当前演绎推理研究最为尴尬的局面。

在传统研究领域，对条件推理认知机制的阐释主要存在以下两种理论：

规则理论（rule theory）。这种理论认为人们的推理过程类似于逻辑证明过程，所使用的推论规则（抽象形式）存储于某种心理逻辑体系中[81][82]推理时，个体会首先去鉴别前提的逻辑形式，然后选用相应的形式规则去作出推理。这种理论主要通过计算机模拟，来证明人类演绎推理机制的存在并试图揭示其内部机制。

模式理论（model theory）。这种理论认为推理过程是对心理模式的表征和操作[83][84]。人类在进行条件推理时，首先会建构关于前提的外显心理模式（pq），然后判断该模式是否可以得出相应的结论，并进一步建构关于前提的内隐心理模式（非 pq、非 p 非 q）来对所得出的结论进行证伪。因此推理过程主要是通过搜寻反例来证实前提是否成立，不需要任何逻辑规则便可以进行演绎推理。这种理论试图对人们在推理中表现出来的各种偏向进行解释，以证明其合理性。

空间推理常常被用来解释模式理论所反映的相关认知规律。相对于其他的演绎推理任务，空间推理问题比较简单且容易理解，对于模型数量等变量的操作也比较方便。因此，它被广泛用于验证模式理论。

支持模式理论的最直接证据来自对不同模型数量空间推理问题的研究。根据模式理论的观点，模型的数量而非规则的数量决定了问题的难度。已有研究表明，在不同条件下，多模型问题均难于单模型问题，研究的结果证实了模式理论的观点。Byrne 等人比较了推理的步骤（即心理规则）和模型的数量在预测空间推理问题难度方面的差异[85]。根据前提所表述的整体关系是否确定，空间推理问题可以分为确定问题和不确定问题。确定问题只有一种心理模型，因而也被称为单模型。不确定问题有两种或两种以上心理模型，因此也被称为多模型问题。在第一个实验中，问题需要的推理步骤是不变的，但模型数量不同。在第二个实验中，单模型问题比多模型问题需要更多的步骤。研究结果表明，多模型问题比单模型问题更难，但是需要更多推理步骤的问题并不比需要更少步骤的问题难。但是 Byrne 等人的研究仅以正确率为指标，Carreiras 等对此作了改进。他们记录每类问题的前提阅读时间、问题回答时间及错误的百分比，并将空间与非空间的推理问题进行比较。实验所使用的问题与上述 Byrne 等人的研究相似，但使用序列呈现和同时呈现两种方式[86]。结果表明，在两种呈现方式下，单模型问题都比多模型问题的正确率更高，反应时更短。Vandierendonck 和 Vooght 对空间和时间推理问题的研究也得到相似的结果。在空间和时间领域，单模型问题的前提阅读时间及结论反应时间都比多模型问题短，反应的正确率更高[87]。无论是确定问题还是非确定问题，都可能包含对结论没有影响的无关前提。Schaeken 等通过系统地操纵无关前提（即分别设置没有或有无关前提的单模型和多模型问题），进一步考察了模型数量对任务成绩的影响。结果发现，无论是否包含无关前提，多模型问题的正确率均低于单模型问题[88]。Boudreau 和 Pigeau 对不同材料的空间推理问题的研究进一步支持了上述的结果。研究中使用的任务以句子或图表（如"A B"，表示 A 在 B 的左边）的形式呈现。结果发现，图表形式的问题比句子形式的更容易，但两种材料的多模型问题均比单模型问题难。Boudreau 等人发现，虽然前提的顺序及空间的维度都会影响被试的成绩，但在上述所有条件下，多模型问题均难于单模型问题。模式理论通过工作记忆机制对模型数量影响任务难度的这一现象进行了解释，认为工作记忆容量限制了被试处理和比较多个模型的能力，从而影响被试的推理成绩[89]。Oberauer 等证实了工作记忆容量对模式建构的影响。研究表明，工作记忆容量不同的被试在空间推理方面的差异主要表现为成功建构模式的概率不同[90]。

模式理论认为，演绎推理包括三个阶段：（1）前提加工阶段。被试通过阅读第一条前提建构一个最初的模式。（2）前提整合阶段。被试将其他前提整合形成一个整体的模型，并得出假定的结论。（3）确认阶段。被试通过建构前提的其他模型来确定假定的结论是否正确。已有研究表明，前提的对象顺序对不同的加工阶段都有重要影响，研究的结果支持模式理论的观点。Logan 发现在前提加工阶段，对象的位置影响其被加工的过程；空间关系的前提引导被试将某个物体作为参照物，另一个物体作为目标物。如"教堂在车站的左边"，车站被看作参照物，教堂则为目标物[91]。Oberauer 等人在此基础上进一步提出在关系推理任务中存在方向性（directionality）的观点。例如，关系词"在……左（右）边"存在反向的作用。即对于"A 在 B 的左边"这一前提，个体先加工 B，其次是 A。这一观点得到句子—图片证实任务的支持。在单个前提的空间描述中，如果图片中的参照物先于目标物出现，被试的证实反应时明显更短[92]。在前提整合阶段，第二条前提中新的元素被整合到第一条前提所建构的最初的模式。因此，这一整合过程应该对第二条前提的特点非常敏感[93]。Oberauer 等人总结了关系推理中前提整合的以下三条原则。（1）"参照物=已知"原则（relatum=givenprinciple）：如果第二条前提的参照物在第一条前提中已经给出了，第二条前提就更容易被整合。（2）"先进先出"原则（first-in-first-out principle，FIFO）：首先进入工作记忆的信息容易成为最先的输出结果。（3）"旧—新"原则（given-new principle）：当第一条前提中的第二个对象在第二个前提中被首先被提及时，前提的整合更为容易。对条件推理、关系推理（涉及空间、时间、比较关系）和三段论推理的研究表明，"参照物=已知"原则和"旧—新"原则能够解释大多数的对象顺序效应。对规范（如"A 在 B 的左边"）和不规范（如"B 的左边是 A"）表述的推理问题、四种不同表述方式的德语推理问题以及"在……之间"的推理均证实了"参照物＝已知"原则和"旧—新"原则 [93][94][95]。

前提的对象顺序同样会影响结论的产生，这在三段论推理的研究中已经得到证实，如根据前提"所有的 A 是 B，所有的 B 是 C"，被试更容易得到"所有的 A 都是 C"而不是"所有的 C 都是 A"的结论。在涉及关系词"在……左（右）边"的三个对象空间推理问题中，AB—BC 的对象顺序更容易得出 A—C 的结论，而 BA—CB 的对象顺序更容易得出 C—A 的结论 [96]。

概率理论（probability theory）。近来在国外出现了一种有关条件推理的研究的新的取向，即从概率的角度来探讨条件推理的认知机制的概率理论。它试图揭示条件推理中的若干概率因素，如前件概率 P（p），即 p 发生的可能性；后件概率 P（q），即 q 发生的可能性；条件概率 P（q|p），即在 p 成立的条件下，q 发生的可能性等对推理过程的影响，从而重新建构有关演绎推理的理论模型。如 Oaksford 等人考察了不同前后件概率组合的条件规则对条件推理四种演绎形式的影响，结果表明概率理论可以比形式逻辑理论更好地解释人们的推理行为 [97]；Evans 等人 [98][99] 的研究表明，不同条件概率的条件规则会影响个体的推理行为，如条件概率越高，推理越容易得到认可等。

通过对贝叶斯推理的研究，可以揭示概率理论的一些特点。不过需要指出，心理学中的贝叶斯推理并不是贝叶斯公式的计算过程，而是在已知基础比率的情况下，利用击中率和虚报率对基础比率进行调整的过程，即直觉概率推理判断过程。大多数有关贝叶斯推理的心理学研究者将人们的直觉估计值和贝叶斯公式计算的结果做比较，以此来探讨贝叶斯推理问题解决过程的心理规律。贝叶斯推理是一类非常复杂的推理问题，其难度不仅在于推理问题本身给予个体的相对超量的信息负荷，还在于个体的主体性因素对推理的影响，其中最重要的是人的因素。人并不像一部电脑似的机器，只要是相同的逻辑输入就得出一成不变的信息输出；人的任何感知经验都与其本身的兴趣、动机、追求等有着密切的联系，任何问题的解决都是人主动性活动的结果。Smits 和 Hoorens 的研究表明，当事件的描述与主体相关联时，人们的概率判断会具有某些倾向性，人们会高估对他们有利的事件的概率，低估对他们不利的事件的概率，而这些差异主要表现在威胁性的事件中。例如，喝酒导致肝病概率很高，但嗜酒者总认为这种事情不大可能发生在自己身上，所以依然"好酒贪杯"；买彩票中大奖的客观概率很低，但许多购买者却认为自己中奖的可能性很大，所以依然"频频出击"[100]。又如，我国学者张向阳用贝叶斯推理问题为实验材料，探讨了主体关联性对贝叶斯推理概率估计的影响。结果表明，当估计的事件与主体有关时，被试对消极事件概率估计值较低，对积极事件概率估计值较高；当估计的事件与主体无关时，被试对消极事件和积极事件的概率估计无显著差异。反应时分析表明，被试对消极事件的概率估计比对积极事件的概率估计时间显著地要长，当消极事件与主体有关时，概率估计时间就更长；而对积极事件的概率估计，与主体有关和与主体无关时，反应时差异不显著[101]。这似乎说明，被试对消极事件的概率估计（特别是消极事件与己有关时）更为慎重。关于推理者知识经验方面的影响，Lau 和 Ranyard 还进行了推理者文化背景对推理影响的研究，认为与英国人比起来，中国人表现出的概率思想少，但更倾向于作出冒险的决策[102]。从这些结果和讨论可以看出，对事物的概率判断天然地存在于人类的认知系统中，即使在贝叶斯推理这样认为给定的概率任务中，依然不会很自然地获取符合概率理论的结果。

二、传递性关系推理

所谓传递性关系推理，是指由两个或两个以上具有传递性关系的判断构成的推理，这是一种类似于三段论的间接的关系推理，比如，由 A>B，B>C，推出 A>C。从亚里士多德开始，这类问题就备受人类关注，在 20 世纪初，由 Burt 将这种推理纳入现代心理学的研究[103]。

但 Burt 仅将传递性关系推理作为儿童智力测验的分测验，并未对其性质和心理机制加以研究。如今，传递性关系推理研究领域中亟待解决的问题之一是：解决传递性关系推理过程的心理模型是什么？这是一个研究较多但仍不清楚的问题。自 Piaget 开始 [104]，人们对传递性关系推理过程的心理模型问题进行了大量的研究，产生了各种理论模型，影响较大的有：空间模型（spatial model）、语义模型（linguistic model）、线性排列模型（linear array model）、语义—空间混合模型（linguistic- spatial mixed model）、模糊痕迹模型（fuzzy trace model）、动态模型（dynamic model）和枢纽项比较模型（pivot comparative model）等。这些不同模型都能解释传递性关系推理中的各种主要标准化效应，包括：端点锚定效应（end-anchoring effect）、系列位置效应（serial position effect）、符号距离效应（symbolic distance effect）和首项效应（effect of first item）等。所谓端点锚定效应是指当人们需要对某个刺激序列做出反应时，反应程度的极值与刺激本身的极值相联系，从而导致相比于对处于中间值的刺激，人们对末端的刺激反应更准确，变化更小。系列位置效应，是指记忆材料在系列位置中所处的位置对记忆效果发生的影响，包括首因效应和近因效应。系列开头的材料比系列中间的材料记得好叫首因效应或者首位效应；系列末尾的材料比系列中间的材料记得好叫近因效应或新近效应。符号距离效应指当人们比较两个刺激时，对在相关维度上相似的两个刺激的反应时要长于不相似的两个刺激。首项效应是指个体在社会认知过程中，通过"第一印象"最先输入的信息对客体以后的认知产生的影响作用。总的看来，上述的大多数模型都源于：人们关于儿童最初是如何表征信息，然后又是怎样利用顺序信息来进行传递性关系推理的各种思考。通过对其中一些模型的反思，Wynne 提出了用强化值表征顺序信息的简约模型。简约模型最初是为以奖赏和惩罚作为训练主题的动物研究即非语词任务而开发的，是以获得或丧失强化值的模型作为基础的 [105]。Bush 和 Mosteller 提出的模型则采用了独立刺激值的概念，其假设是：每一刺激都被赋予一个独特的值；在对刺激做出选择后刺激的值才发生变化；每一试验中的选择取决于所呈现刺激的相关值。这一模型虽能在一定程度上说明线性系列训练中的一些标准化效应，却无法对圆形系列（通过逆转的习惯性奖赏关系来训练 7 项系列中的两个端点刺激，从而使系列闭合）的操作进行正确预测[106]。Couvillon 和 Bitterman 指出：基于这些假设的模型能够构成传递性关系推理[107]。Rescorl 和 Wagner 在此基础上提出另一个模型，他们假设：不同的刺激为了获得刺激值的一个有限量而相互竞争，从而被赋予不同的强化值，个体再依据刺激的强化值而实现推理。但该模型也不能正确预测圆形系列中训练对（training pair）优于偶然水平的成绩[108]。Wynne 在此基础上提出了一个更完善的强化模型——简约模型，也称完形模型（configural model）。这个模型以 Rescorla 和 Wagner 的更新规则为基础，认为：儿童在进行传递性关系推理任务时，并非通过前提项目的接近性位置或贴标签的形式来进行操作，也并非依靠刺激泛化，而是通过训练时的强化给不同的前提项目赋予不同的值，通过多次有奖赏或无奖赏的训练性试验，这些值得到强化，并自然按等级加以排列，所以面对测验对时，就能按项目值的大小将这些值联合起来进行正确的选择。即对序列的操作取决于刺激值的等级排列[109]。

Fersen 和 Wynne 等证实：在经过若干次随机排列的训练之后，简约模型能正确预期传递性选择。根据简约模型的假设，引入完形刺激值能使模型具有解释圆形系列的能力。因此，在 B+C- 试验中因奖赏而获得值的刺激 B 与在 A+B- 试验中因惩罚而失去值的 B 不完全相同。所以用 <B|BC> 表示前一个值，用 <B|AB> 表示后一个。这些完形刺激值彼此完全独立，在一个新背景中每一次呈现的刺激都是一个全新的刺激。

以 Fersen 和 Wynne 研究中的 5 项系列为例，从 A 到 E 分布于 4 个互有重叠的训练对（A+B– 到 D+E–）中，+ 代表有奖赏（或更大、更长、更强壮）的项目，而 – 代表无奖赏（或更小、更短、更不强壮）

的项目。当呈现 A+B– 时就选 A，其奖赏值少量增多；而每一次选 B
则导致项目强化值的少量减少。这些试验中的选择取决于两个刺激 A
和 B 之间值的差异。一系列试验后，值的差异达到足以避免任何错误
的水平，因此后面的选择都是 A。当惩罚刺激 B 的值已停止下降以后，
奖赏刺激 A 的值仍以负加速的方式持续增长。这是因为此后再无选择
无奖赏刺激的反应。对于 B+C– 训练，从被试第一次做出错误反应选
择 C 直到 C 的值降到刺激 B 的值之下，刺激 B 的值逐渐上升，刺激 C
的值逐渐下降。当两个刺激值间的差异变得明显时，就不再出现选 C
的错误反应。C 的值稳定，而 B 的值继续增长，直到 B 的值低于 A 的
终值。这是因为 B 的值在 B+C– 的开始就受到压制。这就保证：在训
练 C+D– 时，刺激 C 不会达到 B+C– 训练中刺激 B 值的水平（而 B 的
水平又低于 A+B– 训练中 A 的值）。于是，一旦相邻的 4 对刺激都被训
练，它们的值就被排成等级，那么 A 的值大于 B，B 的值大于 C，C 又
大于 D，D 又大于 E（E 不会被奖赏）。这时，无论呈现给被试的是怎
样的组合（包括关键的 BD 测验对），被试都会做出正确的选择，因为
不同刺激的值已经在呈现的系列中被按等级归类了[110]。

非词语研究。许多研究显示出：在经过类似于非人类动物的训练
之后，人类被试能够做出传递性的选择。例如：Delius 和 Siemann 对
成人的 6 项系列研究显示出明显的端点锚定效应和系列位置效应[111]。
Werner 和 Smith 等也用 6 项系列证明了相似的结果及符号距离效应[112]。

此外，对人类被试传递性关系推理的形成性研究还包括与相邻测
验对的训练并列进行的不相邻测验对的训练。虽然因为在对构成被试
传递性关系推理能力形成测验的不相邻测验对（如 BD）上所做出的正
确反应只是一种出于本能的选择，所以这些研究不能被称作对传递性
关系推理形成所进行的测验，不过，其中的一些研究却包含了验证端
点锚定效应、系列位置效应和符号距离效应的证据。

半词语研究。以实物为刺激而用语言来描述关系的半语词研究非
常多，这些研究的结果显示：所有年龄段中，测验对的操作水平都

随年龄降低。总的来看，训练对数据都显示了端点锚定和系列位置效应，而符号距离效应在测验对 BD 和 BE 的比较中也很明显。例如，Trabasso 和 Riley 等将 6 项系列任务上 6 岁与 9 岁儿童与成人的成绩进行比较研究，其结果显示：虽然各年龄组操作的绝对水平并不相同，但跨越不同年龄组和不同问题形式的端点锚定效应和系列位置效应都非常相似 [113]。

在传递性关系推理强化模型的发展中，利用刺激的不同顺序进行训练的组间比较研究发挥了重要的作用。将按系列顺序分批对刺激对进行训练的被试和按随机顺序进行训练的被试进行比较，发现前者具有更快的学习速度，该结果对此模型的发展有着重大意义。在半语词传递性关系推理的研究文献中，有 3 项研究曾就不同的训练顺序进行过比较。一是 De Boysson-Bardies 和 O'Regan 用彩色小棍 5 项系列任务训练 4 岁儿童的研究 [114]；二是 Kallio 利用同样任务对被试在不同训练顺序条件下结果的比较研究 [115]；三是 Halford 和 Kelly 对幼儿 N 项系列训练顺序的研究 [116]。3 组研究的结果都显示：尽管在随机顺序训练条件下正确率的绝对水平随年龄增长而提高，但所有的年龄组中都能看到主要的标准化效应。

对于成人的传递性操作水平会因刺激的随机呈现顺序而降低的现象，研究者就其原因提出了两种可能性：一是假设儿童执行不同的传递性并且有时胜过成人，二是假设这些实验中的儿童根本没有使用传递性。他们认为第二种解释更可信。而发现仅仅幼儿的操作受刺激随机呈现顺序负面影响这一现象的研究者则推断：成人的操作才是真正的传递性关系推理。虽然两类研究的发现之间存在矛盾，但是它们都说明了：当且仅当刺激对按系列顺序呈现时才做出正确操作的幼儿们，是依赖于呈现顺序中系列顺序线索的帮助来进行传递性选择的。

完全词语研究。 在现有文献中，传递性关系推理的大量完全语词研究对于现象模型化的探索似乎起不了太大作用，其原因在于：向被试呈现不相邻的测验对不可能测验到传递性的发展。许多研究中，被试在无控制的情况下通常只在前提中选读其偏爱的部分，使得研究者难以确定被试从训练项目中得到的有益信息的量；此外，因为无法确定被试阅读原文不同部分的时间分配，所以难以控制不同训练对的呈现时间。虽然这些研究存在上述问题，但其中一些研究中的语词传递性关系推理构成的问题确实和迄今已经考虑过的非语词和半语词推理构成的问题在类型上有所不同。

说明不同训练顺序相对难度的问题的研究主要有 3 项。Smith 和 Foos 用口头言语向成人呈现 4 项系列的研究结果和简约模型所预期的以及在非语词和半语词任务中的观测结果都很相似 [117]。Foos 和 Sabol 用听觉呈现的 5 项和 6 项系列的学习适应研究再一次显示：按自然的系列顺序呈现前提时会有明显的回忆优越性；在按反向系列顺序呈现前提后，被试取得了更加成功的表征；而对于前提的随机顺序集成体的表征，被试成功回忆的水平明显较低 [118]。Smith 等人对成人的 4 项系列研究也得到了相似结果 [119]。

支持简约模型的研究还包括 Woocher 等用类似 Smith 与 Foos 的研究方法训练成人的实验，其结果显示了端点锚定、系列位置和符号距离效应，以及将两个 8 项系列合成一个 16 项系列之后效应的重组 [120]。系列位置效应的重组现象类似于 Fersen 等在鸽子实验中将 5 项系列扩展成 7 项之后的观测结果，这种重组也能用简约模型进行解释 [121]。针对系列重组问题（起先按一种系列长度进行训练随后又增加新项目）的研究之一是 Banks 的研究 [122]，其结果再次清楚地显示了与 Fersen 等的研究结果相一致，又与简约模型的预测相符合的系列位置、符号距离效应的重组效应 [123]。

以上的讨论表明，各种形式的推理的原型或基础都存在于人的认知系统中，这些推理方式的符号化、形式化、系统化，则是人类思维方式脱离了其原始雏形的巨大进步。而科研活动是把这些进步推到最高水平的产物。

三、形式逻辑与心理表征

尽管形式逻辑是原始的心理推理机制高度抽象化的产物，心理表征依然在形式逻辑中发挥了巨大的作用，不同的表征形式显著地影响各类推理任务的成绩。

Boudreau 与 Pigeau 对图表材料与文字叙述等不同表征形式的空间推理问题进行了比较。实验设置了四种条件：（1）图表（图像），如"▲ ●"。（2）图表（名词），如"三角形 圆形"。（3）句子（图像），如"▲在●的左边"。（4）句子（名词），如"三角形在圆形的左边"。研究结果显示，图表形式的问题均比句子形式显著容易。在不同的前提顺序和空间维度条件下，这一效应仍旧存在[124]。Copeland 等人对空间推理年老化的研究进一步支持了上述的结论。他们的研究表明，以句子和词语形式呈现前提时，老年组的推理成绩明显不如青年组，在不连续的前提条件下尤其明显。但图片形式的前提对老年组的推理成绩影响不大[125]。

对于贝叶斯推理任务，傅小兰和赵晓东（2005）通过三个实验分别考察了问题形式（一步问题，两步问题）、信息结构（分割结构，未分割结构）和辅助图形表征（条形图，饼图，结构图）对解决贝叶斯推理问题的影响，结果表明：一步问题形式有时优于两步问题形式；频率格式提问有时优于概率格式提问；分割的信息结构明显优于未分割的信息结构；与条形图和饼图形式的图形辅助表征相比，结构图形式的图形辅助表征显著提高了被试解决贝叶斯推理问题的成绩[126]。

人们对符号系统进行不断的完善，优秀的符号系统极大地推动了相关科学的发展。在现代数学的发展中充满了符号系统进化的实例。

2.1.4.3 内隐的推理——内隐学习的认知规律

内隐学习（Implicit learning）一词最初来自 Reber 对人工语法学习（Artificial Grammar Learning，AGL）的研究。在这类研究中，被试被要求识记一些按照一定的规律组合成的字符串，而被试并没有关于这个规则存在的信息。即使如此，这个规则还是会被被试掌握（不论被试有没有意识到存在这样的规律），从而提高识记字符串的效果[127]。

科学发现的过程以及所发现的规律比这个过程复杂得多。第一，在规律发现之前，反复观察某些现象的机会很少，对有些现象可能只能观察到一些孤例；第二，科学家发现规律的过程，并不单纯依靠观察到的现象本身，也依赖于自身已有的经验。但是，从在现象中发现未知规律这点来说，由简单的心理学范式发现规律的研究，也可以对了解提示真正科学规律发现的机制有一定的启示。

一、内隐学习的广泛性

内隐学习在语言学习、动作学习，甚至节奏感的学习等广泛的方面都发挥着作用。Ellis（1993）采用序列学习范式研究了英语被试获得某种威尔士语法规则的过程。在实验中，他将被试分为三组：1. 随意学习者（random learners），他们只看到一些随机排列的实例；2. 语法学习者（grammer learners），他们只学习语法规则；3. 结构学习者（structured learners），他们看到规则在实例中的应用。实验要求被试依次将威尔士单词或短语序列翻译成英语。结果发现，随意学习者速度最快，但成绩差，他们迅速学会了最初的学习材料，但对潜在规则系统掌握极少；语法学习者的学习速度较慢，但成绩较好，他们学习规则时需要花费相当多的时间，但外显测验的总成绩很好，只是这种规则不能很好地运用于实践；结构学习组速度最慢，但成绩最好，虽然学习时间花费最多，但他们能够提取语法规则的实用模式[128]。另外，我国学者郭春彦等曾运用词干补笔的方法，提高了学生的外语单词学习水平[129]。

除了自然言语之外，还有研究者将内隐序列学习顺利地扩展到运动技能领域。Nilsson 等发现，自然的人类动作是可以通过内隐学习获取的，而扭曲的、不自然的动作则没有任何内隐启动作用[130]。McLeod 和 Dienes 发现，被试在跑步抓板球的一系列运动过程中，始终保持着视线与地面的夹角的正切值的变化率恒定，然而被试却对自己在序列运动中所采用的规则一无所知[131]。此外，内隐序列学习也发生在书法知觉预期中。Kandel 等发现，被试根据英文书写体预测下一字母的能力，取决于前面字母书写体中拐弯点的切向速度的分布，而被试对书写体中拐点切向速度分布的加工处于无意识水平，即属于内隐加工[132]。有研究者甚至发现，人们通常认为的那些必须通过专业训练才能获得的节奏感也是内隐序列学习的结果。Olson 和 Chun 采用序列学习范式对节奏知觉进行了研究，结果发现，当目标刺激的前四个项目序列按照特定时间节律（比如 80ms、360ms、1080ms、680ms）呈现时比按照随机时间间隔呈现，对目标刺激的反应时更短[133]。

二、内隐学习学到了什么？

所有关于学习的研究都关注一个根本性问题——学习者习得了什么知识？对内隐学习的研究也不例外。学习者在内隐学习中所获得的知识是有关规则的抽象知识呢，还是有关范例的具体知识？抑或仅是一种熟悉性呢？大量研究者对这些问题进行过探讨，使人们对于这个问题的理解不断深入。

Reber 首先提出内隐学习具有抽象性的观点，并用实验验证了这一点。在实验中，他首先要求被试记忆一些由一种人工语法生成的字母串，然后将被试分为三组，即规则改变组、字母改变组与控制组。对于规则改变组，接下来的字母串使用与前面相同的字母，但其中隐含的语法规则却截然不同；对字母改变组，语法规则不变，但使用新的字母；对于控制组，则不做任何改变。结果发现：语法规则的改变明显降低了被试的成绩，而字母串物理形式的改变则未对成绩产生不良影响。这说明内隐学习所获得的知识是有关人工语法的抽象知识，它并不受外在物理形式的制约[134]。此后，Reber 和 Lewis 使用词谜任务探讨了内隐学习的抽象性问题。在他们的实验中，被试在完成人工语法任务后，还必须完成词谜任务，即将字母顺序颠倒的字母串调整成符合语法的字母串。Reber 和 Lewis 设想：如果被试在学习阶段只获得了一些有关范例的具体的知识，那么他在解决词谜问题时，将任意排列的字母串调整成为符合语法的字母串的数量是有限的，至多不会超过所学范例的数量；反之，如果被试从范例中抽取出一般的规则性知识，那么他在解决词谜问题时，把不合语法的字母串调整成符合语法字母串的可能性就较大。结果发现，被试调整正确的字母串数量远比范例中所提供的符合语法的字母串多。因此，Reber 和 Lewis 认为，被试在学习中获得了抽象的反映语法结构的知识[135]。

然而，后续的一些研究则发现，内隐学习所获得的可能并非完全是有关规则的抽象知识。Brooks 提出，学习所获得的不是抽象知识，被试对新项目的正确判断凭借的是新、旧项目储存痕迹之间表面的相似性。Brooks 用实验验证了这一观点，实验材料为两套由不同语法生成的字母串。实验使用配对联想学习，即两套字母串分别与描写新世界的单词或旧世界的单词配对。在实验中，Brooks 将被试分为两组，告诉一组被试字母串和单词间的配对关系，而另一组被试对此一无所知。结果是：得知配对关系的被试能顺利地区分出符合语法的字母串与非法字母串；不知道配对关系的被试则不能区分。由此 Brooks 推论，内隐学习使有关范例的配对描述易化，内隐学习获得的可能仅是诸如此类的相似或联系[136]。McAndrews 和 Moscovitch 也用实验验证，除了抽象的语法之外，相似性在内隐学习中起着非常重要的作用[137]。此外，Mathews 等采用 Reber 的研究模式发现，内隐学习依赖于范例的物理特征，即当字母集改变，而保持规则不变时，被试的成绩也明显下降[138]。

据此，Perruchet 和 Pacteau 提出，内隐学习获得的仅是有关范式中某些单元的具体知识，他们称之为碎片知识（fragment knowledge）。他们认为，Reber[134] 的实验结果值得怀疑，因为语法规则在不同字母集间的迁移效应十分微小。他们通过实验验证了内隐学习的具体性。他们的实验要求被试在完成人工语法实验后，对于字母串中的某些字母单元（比如：字母串的长度为 5—9 个字符，字母单元则可能只由两个字母组成）进行符合语法的程度的判断，结果发现：符合语法性判断的分值可以用来解释整体范例的分类成绩，并且在分类任务中，被试之所以判断非语法范例不符合语法，是因为它们包含了不符合语法的字母单元[139]。后来，Gomez 和 Schvaneveldt 对 Perruchet 和 Pacteau 的观点提出质疑，他们发现让被试学习整个字母串，被试在操作中能够表现出迁移效应；而孤立学习字母串中的字母对的被试，则在操作中没有表现出迁移效应。据此，他们认为内隐学习可能不仅仅获得范例片段的具体知识[140]。

当持获得抽象性知识的观点和持获得具体性知识的观点的研究者们争执不下时，有研究者又提出了一种新的折中的观点——重复次数决定了内隐学习的效率。换句话说，就是某个范例片段重复性越高，被试就会对此越熟悉，因此也就越容易做出判断，即内隐学习可能仅是获得一种熟悉感。为了验证这一观点，Stadler 设计了 3 种序列：（1）低重复序列；（2）中重复序列；（3）高重复序列。在实验中要求被试对屏幕中星号出现的位置进行反应，星号序列以 10 次试验为一组的规则反复序列。对于低重复序列来说，星号出现的位置依次是"BDBCABADAC"（字母代表屏幕中的特定位置，A、B、C、D 在屏幕上从左到右排列），其中不存在任何重复的两次或两次以上试验的路径（指星号从一个位置到另一个位置）。对于中重复序列而言，星号出现的位置依次是"BDBCABCDBC"，两次试验组成的路径"BC"在序列中出现三次，两次试验组成的路径"DB"在序列中出现两次，三次试验组成的路径"DBC"在序列中出现两次。对于高重复序列而言，星号出现的位置依次是"BDBCABDBCD"，两次试验组成的路径"BC"和"BD"各出现两次，两次试验组成的路径"DB"出现三次，三次试验组成的路径"BDB"和"DBC"各出现两次，四次试验组成的路径"BDBC"出现两次。结果发现：对高重复序列的学习效果最好，其次是中重复序列，然后是低重复序列。可见，重复次数的确会影响内隐学习，即内隐学习获得熟悉感[141]。

Hunt 和 Aslin 进而指出，可以用频次信息（统计指标）来代表重复次数和熟悉性。他们认为，内隐学习习得的可能既不是抽象规则，也不是有关范例的具体知识，而是统计信息。Hunt 和 Aslin 进行了一系列实验，探讨了成人学习者对几类统计信息包括单元频率、单元概率、双单元频率、联合概率、条件概率的内隐学习情况。实验采用视觉刺激，包括 7 个三单元的序列，每个单元对应一对同时光亮的位置。7 个位置中的任意两个组成一对，总共包括 21 对位置，21 对位置组成的复杂水平可以导致复杂的空间排列，从而阻止外显学习。结果对反应时数据的均数比较和回归分析都表明：被试至少能够内隐地学会两种统计信息，即联合概率和条件概率[142]。上述结果中值得注意的一点是：虽然实验者向被试呈现了大量的概率信息，如单元频率、单元概率、双单元频率、联合概率、条件概率，但被试能习得的仅是其中的一部分，所以，被试在内隐学习中获得的可能是抽象规则、具体知识和熟悉性的结合体，而不仅仅是其中的任何一部分。

三、内隐学习中的表征与意识

从另一个角度来说，关于内隐学习能否真正获得抽象规则的争论，是抽象的规则（它们是心理表征的一种）能否进入意识层面的问题。科学家们有时都有这样的状态：感觉到有什么东西（规律）在那里，却无法清晰地知道具体是什么东西在那里。这也可以是从产生熟悉感到获取真正的抽象规律这个过程的一个特殊例子。心理学家们对内隐学习中表征与意识的有关问题进行了深入的研究，产生了一些有价值的理论和成果。

Destrebecqz 和 Cleeremans 为了探讨这一问题，在序列学习研究中引入了过程分离方法，来考察被试获得的知识。结果发现：当反应与刺激的间隔为 0ms 时（对上一刺激的反应和后续刺激之间的间隔），被试获得的知识是无意识的，即这些知识虽然可以影响被试的行为，但被试却无法对其加以控制。由此，Destrebecqz 和 Cleeremans 认为，他们的研究"为序列学习可以是无意识的观点提供了证据"[143]。不过，当 Shanks 等用与 Destrebecqz 和 Cleeremans 相似的方法进行验证性研究时，却得出了相反的结论。Shanks 等发现，即使当反应刺激间隔为 0ms 时，被试仍可以意识到自己获得的知识。因此他们认为，被试在序列学习中获得的知识在本质上是外显的 [144, 145]。

依据心理学中联结主义的观点，神经网络的激活模式和权重都可以是表征的内在编码。表征在认知心理学中指信息或知识在心理活动中的表现和记载的方式。神经网络的激活模式无论是稳定的还是不稳定的，它们都会持续地影响行为，至于它们是否能够到达意识层面则取决于其他因素，如稳定性、强度、整体连贯性和与其他结构的通达性等。因而，在有关意识的研究中，O'Brien 和 Opie 认为，心理经验是由脑中稳定的神经激活模式（能够在不同的情形下反复出现的神经激活模式）引起的。他们主张，意识既不依赖于特殊的机制，也不依赖于特定的脑部位，而是在特定时刻由稳定的表征引起 [146]。此外，Mathis 和 Mozer 也认为，表征的稳定性（stability of representation）是进入意识的一种条件 [147]。

近来，Cleeremans 和 Jiménez 进一步指出，内隐学习获得的知识表征是否进入意识与表征的质量（quality of representation）有关，形成高质量的表征需要花费更长的时间。这里，表征的质量指的是信息加工中记忆痕迹的强度、独特性以及时间上的稳定性等。依据表征的质量，他们把表征的形成划分为三个阶段，分别是内隐表征、外显表征和自动化的表征。内隐表征是表征形成的初始阶段，指微弱的、质量差的表征，它虽然能够影响成绩，但是由于它的强度太低，系统作为一个整体不能对其加以控制；外显表征是指可以进行控制的表征，人们既可以意识到这些表征，也可以意识到这些表征对行为的影响；自动化的表征是指变得很强的表征，人们可以意识到自动化的行为，但不是有意识地控制这些行为。由此，他们认为，内隐知识和外显知识之间只是存在"量"的差异，而不存在"质"的差别 [148]。

基于 Cleeremans 和 Jiménez 的理论，Destrebecqz 和 Cleeremans考察

了序列学习情境下时间因素对获得内隐知识和外显知识的影响。他们通过操纵反应刺激间隔（Response Stimulus Interval，RSI）的时间，并结合主观测验和客观测验的多种方法测量被试获得的知识的意识水平。结果发现，当 RSI 为 0ms 时，序列反应时任务的成绩表明，被试获得了一定的知识，但是生成任务和再认任务的成绩却表明，被试并未意识到自己已获得了知识。这说明在这种条件下被试的学习是无意识的。而且，他们还发现，虽然 RSI 对被试序列反应时任务的成绩没有显著影响，但是 RSI 的值却显著影响了被试生成任务和再认任务的成绩，而且随着 RSI 的增加，被试获得知识的外显性也在逐渐增加。因此，他们认为，实验结果说明，内隐和外显学习的差异可以被看作是由"表征质量"单一维度的变化引起的，从而支持 Cleeremans 和 Jiménez 有关表征质量与意识关系的主张。此外，他们根据这一主张构建的计算模型，对实验数据进行模拟，结果表明，这个模型可以解释序列反应时任务中 75% 的变异和生成任务中 90% 的变异 [149]。

　　总之，Cleeremans 和 Jiménez 有关表征质量与意识关系的理论，使影响表征进入意识的因素变得清晰起来。这一理论还有助于加深人们对意识的理解，对有关意识神经机制的研究也有一定的启发意义。

　　虽然这一理论得到 Destrebecqz 和 Cleeremans 研究的初步证实，但是他们的实验却遭到了一些质疑。Wilkinson 和 Shanks 提出，要谨慎对待 Destrebecqz 和 Cleeremans 的实验结果，因为在他们的实验设计中"排除测验"始终在"包含测验"之后，这样会使一些无关因素影响"包含测验"和"排除测验"的成绩，从而影响对被试意识知识的测验成绩。因此，为了进一步验证 Destrebecqz 和 Cleeremans 的实验结果，Wilkinson 和 Shanks 对"包含测验"和"排除测验"的任务采用了被试间设计，也就是一组被试只完成"包含测验"的任务，另一组被试仅完成"排除测验"的任务。结果发现，在反应刺激间隔为 0ms 的条件下，序列反应时任务的成绩表明被试确实获得了一定的知识，但是生成任务的成绩也表明，被试可以意识到自己获得了知识。而且，他们还发现，当把序列学习材料由确定序列变为或然序列时，被试生成任务的成绩仍表明，被试可以意识到自己获得了知识。因此，他们认为，被试在序列学习中获得的知识都是外显的[150]。

另外，Perruchet 和 Vinter 主张"所有的心理表征都是有意识的"，并且认为学习和记忆是注意过程的副产品，内隐学习只是有意识经验的一种转化形式[151]。Dienes 和 Perner 指出，Perruchet 和 Vinter 的主张源于他们对表征的定义。因为在 Perruchet 和 Vinter 有关表征的定义中，他们是用心理事件来界定表征的，而人们洞悉心理事件是否存在的唯一方式就是通过直接的个人体验，也就是有意识的体验。因此，Perruchet 和 Vinter 有关"所有心理表征都是有意识的"主张是循环论证。Dienes 和 Perner 对表征的含义重新进行了界定（把表征看作是神经网络的激活模式和权重），并对内隐学习中表征与意识的关系提出了自己的观点[152]。

Dienes 和 Perner 指出，当我们知道一个事实时，如看到所呈现的一个词是"butter"时，我们会对一个特定的命题（"这个词是 butter"）有一个命题态度（propositional attitude）（如，看到）。在理解这一命题时，人们会外显地表征部分或全部的态度以及事件的状态，由此形成一个对表征的不同的外显等级：（1）外显地（explicitly，相当于 literally）表征命题内容中的一个特征（如"butter"）；（2）外显地陈述这一特征，由此，外显地表征一个完整的命题（如"这个词是 butter"）；（3）外显地表征这一命题是否是一个事实（如"事实上这个词是 butter"）；（4）外显地知道为什么这一命题是一个事实（如"我看到这个词是 butter"）。

他们在这里说的"外显"并不等同于"有意识"。Dienes 和 Perner 认为，只有表征外显的第四个等级才是表征进入意识所必要的。因为根据 Rosenthal 的"高阶思考理论"（higher order thought theory），一个心理状态进入意识的充分和必要条件是对某心理状态的效果有一个"高阶思考"。这里所谓的"高阶思考"（一种心理状态）是指对另一心理状态（如，看见）进行的思考，因为只有当我们对自己的某心理状态进行思考时，我们才意识到这一心理状态。而表征外显的第四个等级恰恰就是一个"高阶思考"，因为它是对某一心理状态的表征。因此，表征外显的第四个等级是表征进入意识的充分必要条件。他们认为，Perruchet 和 Vinter 主张的表征只是对应于表征外显的第三个等级，因而是错误的 [153]。

　　基于以上理论分析，Dienes 和 Perner 认为，可以用元认知测验方法来测量人们"知道自己知道"的程度，譬如测量人们所获得知识的意识状态。这一方法可分为两个步骤：首先，必须确定被试所处的心理状态，也就是不同的"知道"状态，如猜测、确信等；其次，通过"自信心评定"来探测被试是否对这种心理状态进行了表征。Dienes 和 Perner 运用该方法进行的研究表明，在人工语法学习中人们可以始终如一地把他们不知道自己已拥有的知识作为人工语法知识而加以运用，表明被试可能在这种学习中获得了无意识知识。

　　Dienes 和 Perner 进而主张，可以用主观测验方法测量被试的意识知识，并把知识划分为结构知识和判断知识。结构知识是指知识本身所具有的结构；判断知识则是指判断一个项目是否符合或具有某种结构所需要的知识。例如，母语为汉语的人几乎都能够判断一个句子是否合语法（具有有意识的判断知识），但是却不能清晰完整地说出具体的语法规则（缺乏有意识的结构知识）。他们在研究中发现，当用主观测验方法测量被试知识的意识状态时，有意识和无意识的结构知识发生了分离，而无意识的结构知识既可以引起无意识的判断知识，也可以引起有意识的判断知识。由此他们认为，有些研究者在内隐学习研究中所使用的过程分离方法，测量的只是判断知识的意识状态。Dienes 和 Perner 有关表征外显等级的理论，明确地阐明了什么样的表征才是有意识的。如果这个等级理论中的"不同的等级可以对应着相应的不同的过程"的观点成立，对科学家提升发现规律的效率将有很大帮助。不过，这方面的研究结果还有待于进一步的理论探讨和实证检验。

2.1.5 人的局限性

下面从几个方面来讨论科研活动中人的局限性：人因干扰、认知偏差以及思维定式。

2.1.5.1 科学研究中的人因干扰

科学实验的基本要求就是客观性。然而实验是人做的，往往难以避免人因的干扰。人因的干扰主要有两类：一类是在以"人"为实验对象的研究中，作为实验对象的"人"所带来的干扰，比如医学实验中的安慰剂效应；另一类是在实验中由实验者本身的主观意愿等因素造成的实验者的干扰效应，主要表现是因为实验者期望获得有利于自己理论的证据，这些干扰即使不是故意的，也难免存在无意识的干扰。

在医学、社会科学领域中比较容易出现人因的干扰，人们对此很容易理解。但是即使在物理学这样的不以人为研究对象的领域中，这种人因干扰依然难以避免。下面举出物理学历史上人因干扰的两个案例。

案例一：布朗洛的"N 射线"事件

继伦琴发现 X 射线后，1903 年，法国科学院院士、物理学家布朗洛宣布他发现了"N 射线"。当法国科学院公布了这一"惊人发现"之后，兴起了一股研究"N 射线"的热潮，仅法国科学院院刊在 1904 年上半年就发表了 54 篇有关"N 射线"的论文，这些论文煞有介事地介绍"N 射线"可以穿透纸、木头、薄铁、石英等光线穿不透的物质，只有水和岩盐能阻挡这种射线的穿透。还有论文指出，人的肌肉、神经和脑也可以发出"N 射线"。为了表彰布朗洛的"开创性"研究，法国科学院在 1904 年向布朗洛颁发了 5 万法郎的奖金。

然而，按照布朗洛所提供的实验条件，没有一个科学家真正发现了"N 射线"。1904 年夏季，在美国霍普金斯大学任教的伍德教授到南锡大学后，布朗洛为他做了一系列实验，以证实"N 射线"的存在和它的一些奇异性质。伍德是一位极高明的物理实验专家，他立即敏锐地察觉出他的法国同行们竟然用极不可靠的肉眼来判断实验中光束强度的变化。在接下来的演示实验里，布朗洛要在"N 射线"的折射束中"找出""N 射线"的谱。实验时，伍德恶作剧地把一个必不可少的零件（一个铝制棱镜）偷偷地装进了自己的口袋里，布朗洛并不知道，但他却仍然在那儿正经地"分析'N 射线'的光谱"。于是伍德就像看"皇帝的新衣"的孩子，直言不讳地讲他看不见"N 射线"，并在《自然》杂志上发表了他的观点。

当时人们迷信布朗洛的权威，不相信他会蒙骗大众。后来在伍德的建议下，《科学评论》编辑部设计了一个实验：在两个同样的木盒中，一个装有发射"N 射线"的回火钢片，一个装有不会发射"N 射线"的铅片。两盒外观一样，完全封闭。他们让布朗洛判断哪一个盒子会发射"N 射线"。结果这难住了布朗洛，因为他根本不曾观测到"N 射线"。所谓的发现"N 射线"不过是他的想象。

案例二：梅耶的实验事件

20 世纪初，卢瑟福的实验室在做元素嬗变实验研究时，其结论与奥地利科学院院士梅耶领导的镭研究所得到的结论有重要的差异，这使卢瑟福十分吃惊。梅耶在放射性和核物理方面有许多重要贡献，而且是卢瑟福的好朋友。卢瑟福是一位伟大的物理学家，他所领导的卡文迪许实验室对于实验结果，必须进行严格的检验。卢瑟福经常强调，正确的实验结果必须能用多种方法重复得出。卢瑟福对自己的研究结果充满信心，但毕竟梅耶也不是平庸之辈，于是卢瑟福请查德威克去梅耶实验室考察一下，弄清差异产生的原因。考察的结果使查德威克大吃一惊，梅耶实验室竟然采用了一种极不可靠的观察方法，正是这种不可靠的观察方法导致梅耶的失误。

原来，梅耶实验室说斯拉夫姑娘眼睛大，读数准确，专门找了一些斯拉夫姑娘来读粒子轰击元素后引起荧光屏上光闪烁的次数，糟糕的是他们在向姑娘们交代任务时，竟然先把预想的结果告诉了她们。而卡文迪许实验室在这方面的做法是明显不同的，他们专门找那些不懂行的人来读数，并且事先绝不告诉他们结果"应该会怎样"。后来，查德威克向梅耶建议，由他亲自用卡文迪许实验室的办法来安排姑娘们进行观察，他连放射源、屏幕等都不交代，只让她们见闪光就读数。最后，实验结果与卡文迪许实验室的结果一样。

当时一些实验物理学家有梅耶实验室的习惯，他们在安排助手们做实验时，常常做过多的指示，有意无意地道出"实验出现什么结果最理想"等带有"启发性"的暗示。这种暗示肯定会使助手们"观察"到超出实验所能提供的一些"结果"，正如梅耶实验室的斯拉夫姑娘所做的。

这些案例在物理学的历史上并不是罕见的。但是即使在仪器非常先进的今天，即使排除了极少数实验者恶意造假以及一些主观的人因干扰，如果不进行严格的盲实验和经过多个实验室独立的重复验证，实验结果的可靠性和客观性依旧是没有保障的。

2.1.5.2　认知偏差

即使排除了极少数研究者的主观恶意，有时一些科学实验的可靠性和客观性依旧没法完全得到保障，这是由人的认知系统的规律所决定的：人的知觉系统并不是被动地反映客观世界，有时可能根据个体自身的性格、经验、动机等偏向于某些特定的信息。这些现象被称为认知偏差（Bias）。心理学家对此进行了大量的研究，逐步揭示其规律。

下面先从两个方面进行讨论，即知识背景与认知偏差，及个体特征与认知偏差。再说明心理学提出的应对认知偏差的方法。

知识背景与认知偏差

一、文化背景与基本的认知加工

个体的文化背景会影响到基本的认知加工，其中比较典型的是在空间中的注意分配。空间之于人类生存的重要性是不言而喻的。人类的感知和行动很大程度上受限于空间；文化背景可以通过影响在空间中的注意分配，从而影响到认知加工的各个方面。其实，注意的空间偏向是普遍存在的，也就是说在通常的情况下，注意会偏向于空间中的特定方向或部分，相应地产生很多有关的认知甚至文化现象。例如，社会人类学家 Hertz 发表的《右手的优越》一文中就展示了许多与"左右"相连的社会意义范畴，如"好坏"、"男女"和"强弱"等[154]。在社会心理学领域，Allport 提出，想象出来的或真实存在的空间差异都会影响思维、感情和行为[155]；Harlow 发现幼猴较易将空间距离比较近的母猴当作母亲，证明了身份辨认中的空间偏向[156]；Hall 以及Mehrabian 则详细研究了私人空间，尤其是手臂伸展长度的偏好在社会互动中的重要性[157, 158]；Macrae、Bodenhausen、Milne 和 Jetten 也将空间距离的远近偏向视为判断感情态度的重要指标[159]；Chatterjee、Southwood 和 Basilico 要求受试者将句子"皮特推保罗"与多幅图画进行配对，结果发现人物"皮特"出现位置在左侧的图画更容易配对成功[160]。

　　造成空间偏向的原因是什么？除了一部分人认为是由于大脑半球左右功能的不对称性造成的之外，有广泛影响的解释是基于文化的假说。如 Torralbo、Santiago 和 Lupiáñez 发现，对于书写习惯"从左至右"的人群而言，当表示"过去"的词汇出现在左边时，受试对其通达速度比词汇出现在右边更快[161]。研究者据此提出空间偏向是由文化因素（如书写习惯等）决定的。在书写和阅读习惯从左至右的文化里，人们倾向于将施事者置于左方，而将受事者置于右方。在语言测试任务中，Santiago，Lupiáñez，Pérez 和 Funes（2007）利用词汇配对实验证明，当表示"过去"的词汇出现在左方或表示"未来"的词汇出现在右方时，西班牙语使用者对其回答的准确率和速度会大大提高。这些特定的时间隐喻表达无法通过"大脑半球左右功能不对称说"进行解释，反而与西班牙语的书写习惯从左至右密切相关[162]。左方表示已经书写的部分，意指过去；右方则是尚未书写的部分，代表未来。另有实验（Ouellet，Santiago，Israeli，&Gabay，2010）表明，在书写习惯从右至左的文化（如希伯来语和阿拉伯语等）中，人群呈现出"过去在右，未来在左"的倾向，同样证明了书写习惯对人们空间偏向的重要影响。此外还有研究者用非言语任务印证了上述观点[163]。如 Suitner 和 McManus（2011）在对大量绘画作品进行历时分析后发现，画家作图的方向以及艺术批评家的审美偏好在一段历史时期内会发生变化[164]。这也不能通过"大脑半球左右功能不对称说"加以解释，只能将其归于书写习惯和其他文化因素的影响，因为大脑结构在较长时间内是相对稳定的。根据 Núñez 和 Sweetser（2006）对艾马拉人和西班牙人手势的观察，这两种文化都倾向于按照其书写习惯从左至右表示事物的时间先后顺序[165]。Brady，Mark 和 Mary（2005）的脸部辨认实验也证明，当左半脸和右半脸呈现不同的表情时，人们倾向于依靠前者做出判断。但是这种偏向在书写习惯从右至左的人群中却不存在[166]。

二、知识背景与高级的认知加工

对于高级的认知加工而言，知识背景的影响是随处可见的。

研究者很早以前就发现，人们在觉察观念间联系的过程中存在显著的个体差异。有些人似乎容易觉察到更丰富的联系，尤其是那些关系疏远观念间的联系。在已有的诸多文献中，研究者反复强调了这种觉察观念间联系的能力对于创造力、智力和记忆的重要意义。为什么个体间会表现出这种差异呢？早期的研究者认为，这种差异可能是创造者的稳定个体特质的反映，觉察关系疏远观念间联系的能力通常被认为是创造者所具有的独特个体特质。

最近出现的注意—联系性模型为解释这种差异提供了一种新的视角，强调了知识背景的作用。该模型认为，个体能否觉察两个观念间的联系受到他对这两个观念新颖性判断的影响：如果个体认为这两个观念不新颖，则其联系性会被接受；而如果个体对这两个观念的新颖性判断的赋值之和在规定时间内达到一定的阈限，则其间的联系会被拒绝。个体的观念新颖性判断的差异受到个体的知识背景的影响。

这个问题也可以放在更一般的长时记忆模型中去考察：语义记忆的激活扩散理论认为，长时记忆中概念性知识是以网络结构的形式存在的（该结构被称为语义网络），两个观念间得以建立联系，是因为由初始刺激引发的激活，沿着语义网络中预设的路径向各个方向传播，然后到达某些相关节点，如果这些节点能够被激活和被意识到，这时两个观念间的联系便可能建立起来。每个人当前所具有的概念性知识的语义网络是预存性的，个体各自不同的经验决定了其语义网络的节点联系的路径（如节点间的距离）各自不同。这样便出现一个符合逻辑的推论：个体基于所拥有的独特的语义网络，可能更善于在某方面或某领域中觉察不同观念间的联系。换句话说，个体所具有的知识背景可能影响其觉察观念间联系的能力，使这种能力表现出一种与特定领域相关的特征。

在一个以生物学背景知识为基础的实验中，实验者通过比较生物领域知识丰富者和知识贫乏者，判断来自生物领域或一般领域的语义亲疏度不同的配对词间联系的差异，探讨了知识背景对个体觉察观念间联系的影响。实验任务为判断配对词间的联系，该任务利用计算机完成：首先在屏幕上呈现配对词中的第一个词，而后呈现配对词中的第二个词，要求被试判断两个词间是否存在语义上的联系，记录被试的判断结果和判断反应时。实验发现个体具有的知识背景影响其觉察特定领域观念间联系的敏感性。

从正面的角度来说，观念联结的过程是创造性产品生成的重要机制之一。例如，在美国的科学喜剧创作和其他艺术领域中经常出现对已有观念进行新颖联结而生成的创造性产品。从该视角来看，个体具有某领域内丰富的知识背景，使其更善于觉察该领域中远距离观念间的联系，从而有利于他在该领域生成创新的产品。其次，基于创造性认知理论，创造性思维过程是一个创造性的问题解决过程，需要许多认知操作活动参与其中。研究者提出解决现实世界复杂问题的创造性思维过程包括 8 个阶段的认知操作，即：问题建构、信息搜集、概念选择、概念性组合、观念生成、观念评价、执行计划和监控。依这一视角来看，丰富的知识背景将在个体创造性思维的信息收集阶段发挥重要作用，使他觉察到与问题解决有关的更丰富、更多样的有用信息。总之，个体在执行领域内的创造性任务时，他具有的该领域的知识背景影响他能形成何种新颖联结，搜索到哪些有用信息，进而影响其产出何种产品。

从负面的角度来说，观念联结也是科研中产生主观偏差的重要原因，使得研究者对他认为"有意义"的联结非常敏感，而对他认为"无意义"的联结视而不见。总之，在特定领域中的洞察力和偏见实际上是相同的认知规律的结果，所以一方面，我们固然应该强调对研究者的严格训练以尽量利用这个规律中好的一面并防止坏的一面；另一方面，我们更应该引入严格的流程来克服这个规律可能造成的负面影响。

个体特征与认知偏差

除了个体的知识和文化背景会影响认知的方向（表现为注意偏向或者认知偏差等）外，个体本身的特征也会对认知的方向造成影响。个体的特征反映的是个体与环境交互的基本模式，从而自然地会影响认知的方向。简单的例子是：正常性取向的男性会对女性的照片产生偏好，焦虑的个体会对情绪词、带表情的面孔产生偏向，完美主义者会对不完美的图像产生偏向等等。下面看一个稍微复杂的例子：拖延的行事风格对词语偏好的影响。拖延是个体的一种将该做的事情延后做的非理性特殊偏差行为，它作为一种功能失调的状态，使人们丧失圆满处理日常生活大小事情的能力；许多研究表明，人格特质与拖延行为有密切的关系。比如，对严谨性词、神经质词和拖延词这三类评价词的注意偏向，拖延行为高分组与拖延行为低分组有显著差异。在拖延行为问卷中得分较低的被试，即高拖延行为的个体对神经质词给予了更多的注意；在拖延行为问卷中得分较高的被试，即低拖延行为的个体，在实验中对拖延词的反应时比较长，即对与拖延行为有关的词语投入了更多的注意。

应对认知偏差的方法

下面说明心理学提出的应对认知偏差的方法。

一、实验设计中的方法：盲实验

为了排除人因干扰和认知偏差，需要采用严格的实验设计，包括典型的单盲、双盲和三盲实验设计。"盲"在实验中是一种基本的工具，用以在实验中排除参与者的有意识的或者无意识的个人偏爱。最早认识到盲试验在科学研究中的价值的人是克劳狄·伯纳德（Claude Bernard），他曾建议任何科学实验参与者必须被分为两类：（1）设计实验的专家；（2）没有相关知识，因此也不会在观测结果中添加个人对理论的理解的参与者。

单盲实验 实际上，在一些心理学实验中，都由实验的设计和实施者即实验者（experimenter），以及实验的被试者即参与者（participants）共同参加。单盲实验指的是这种实验：在实验中那些可能引起个人偏好或者使实验结果发生偏差的信息，不准提供给实验的参与者，而实验的实验者却完全掌握关于实验的所有信息。在单盲实验中，将实验参与者分成实验被试组（test subjects group）和实验控制组（experimental control group）两组。实验参与者不知道他们是属于被试组还是属于实验控制组。在实验后，对这两组实验参与者的结果进行比较和分析。单盲实验一般是：（1）实验者知道实验的全部信息，（2）因为实验者不会在自己知道所有实验信息的情况下使实验结果产生偏差，因此没有必要使实验者"盲"。然而单盲实验在心理学和社会科学研究中具有风险，因为实验者对结果的预期可能会有意识地或者无意识地影响参与者，从而造成偏差。例如，实验的参与者在与实验者交流后，可能受到他们的影响，即实验者自己的偏好可能被传递给参与者，造成实验的偏差。

双盲实验 双盲实验是一种更加严格的实验方法，通常适用于人作为受试者（human subjects）的情形，旨在消除可能出现在实验者和参与者意识中的主观偏差（subjective bias）和个人偏好（personal preferences）。在大多数情况下，双盲实验要求达到非常高的科学严格程度。

在双盲实验中，实验者和参与者都不知道哪些参与者属于对照组（control group）、哪些属于实验组（experimental group）。只有在所有数据被记录完毕之后（在有些情况下是分析完毕之后），实验者才能知道哪些参与者是哪些组的。采用双盲实验是为了减少偏见（prejudices）和无意识的暗示（unintentional physical cues）对实验结果的影响。将被试者随机分配（random assignment）到控制组或者实验组的做法是双盲实验中至关重要的一部分。确认哪些受试者属于哪些组的信息交由第三方保管，并且在研究结束之前不能告知研究者。

单盲实验与双盲实验在新药的早期试验中起过重要的作用，研究者按经典实验设计的方式，采取用实验组和控制组进行比较的方法来控制和排除偏差的错误，即对实验组给予新药，而对控制组则不给予新药，通过将两组病人的治疗效果进行对比，可以得出这种新药的效果。但是即使采用这种控制和比较，仍然有产生偏差和错误的可能。因为它没有控制住某种心理因素的影响。研究者发现，被给予新药这种心理影响（安慰效果）对病人的影响往往是非常积极的，它使得评价新药本身的效果变得十分困难。病人病情好转既有可能是服用了新药的结果，也有可能是病人知道服用了新药会有效，自己乐观和愉快的心理因素起了作用的结果。为了控制这种宽慰效果的影响，真正得出新药的效果，研究者还是采用"单盲设计"，即采用给控制组服用"宽心丸"（一种无毒无害无任何作用的物质，或称"安慰剂"，但在给药时并不说明这一点）的方法。这样，两组病人都不知道他们所吃的究竟是新药，还是"安慰剂"，因而他们受到的心理影响或精神作用是一样的。此时再将两组病人的结果进行对比，就可以得出新药的效果了。然而，即使研究者采用了这种"安慰剂"的办法，还是可能会有错误产生。这就是前面谈到的研究者的期待对实验结果的影响问题。在一般的实验中，研究者对实验组与控制组在接受实验刺激这方面的区别是清楚的。比如在新药效果实验中，实验人员知道，实验组所服用的是这种新药，而控制组服用的是"宽心丸"。这种情况往往会导致实验人员在实验中自觉或不自觉地去"发现"或者"观望"新药具有某种"效果"，就像教师自觉或不自觉地"看到"某些学生"特别聪明"那样。在新药效果实验中，它会导致实验人员自觉不自觉地"看到"实验组的病人"病情好转"。这种现象启示我们：如果实验者知道哪些对象是实验组成员、哪些对象是控制组成员，他们对研究结果和结论的期待也可能影响到实验的进行、行为的测量以及对结果的解释。因此，为了得到正确的实验结果，必须排除这种"期待"的影响。正是出于这种考虑，在更严格的实验设计中，往往要采用双盲实验的方法。在上面的例子中，为了排除研究者的"期望"对实验过程和结果解释的影响，研究者进一步设计了一种研究新药效果的"双盲实验"。在这种双盲实验中，作为实验对象的病人和作为实验参与者（或观察者）的医务人员都不知道（双盲）谁被给予了新药，谁被给予了"安慰剂"。这样，医务人员对病人服药以及服"安慰剂"这两种结果的观察就会更加客观，因而对新药实际效果的解释也就会更准确、更科学。这种"双盲"的实验设计能使研究人员进一步从其他变量中孤立出新药的效果来。

　　如果解释研究结果的统计学家同样也不知道哪组资料属于对照组、哪组属于测试组，这种测试被称为三盲测试。

　　二、论文发表中的匿名同行评审

　　目前，期刊论文已经成为科学家交流科研成果的主要形式，为了防止情绪和人际关系或者其他外在的因素影响审稿者对论文价值的评判，绝大多数杂志都采取了匿名同行评审的方法，这保障了评审的公正性。

2.1.5.3 思维定式

思维定式的案例

思维定式（set）会造成科研工作者主观上对新的现象视而不见。历史上曾经多次发生因为思维定式，一些科学家与一些伟大的发现失之交臂的事件。下面以 X 射线发现过程为例加以说明。

X 射线发现过程的启示

X 射线的发现是 20 世纪初的伟大成就。除了伦琴之外，还有许多物理学家碰上过发现这一现象的机会。例如，1880 年德国物理学家哥尔茨坦在研究阴极射线时，就注意到阴极射线管会发出一种特殊的辐射，使管内的荧光屏发光。但当时他正在为阴极射线是以太的波动这个论点辩护。他写道："把荧光屏放到管子内部，不让阴极发出的射线直接照射它，但这射线冲击到的壁上所发出的辐射却可以直接照射它，于是荧光屏就受到了激发。这个事实确凿地证明了以太理论。"哥尔茨坦一心要证明阴极射线的以太说，他认为荧光屏发出这样一种特殊的荧光，正是以太说的一个证据。他到此也就心满意足了，没有去想进一步追根查源，当然也就错过了发现 X 射线的机会。这篇论文用德文和英文同时发表，当时关心阴极射线本质这一重大争论的物理学家都能读到。然而，令人深思的是，直到 1895 年，15 年过去了，竟没有人问一问荧光屏为什么在这种实验条件下还会发光。

在 1895 年之前的许多年，很多人就已经知道照相底片不能存放在阴极射线装置旁边，否则有可能变黑。例如，英国牛津有一位物理学家叫斯密士（F. Smith），他发现保存在盒中的底片变黑了，这个盒子就搁在克鲁克斯放电管附近。但当时他只是叫助手把底片放到别的地方保存，而没有认真追究原因。

1887 年，早于伦琴发现 X 射线 8 年，克鲁克斯（W. Crookes）也曾发现过类似现象。他把变黑的底片退还厂家，认为是底片质量有问题。

1890 年 2 月 22 日，美国宾夕法尼亚大学的古茨彼德（A. W. Goodpeed）

有过类似的遭遇。他和朋友金宁斯（W. N. Jennings）拍摄电火花和电刷放电以后，没有及时整理现场，桌上杂乱地放着感过光的底片盒和其他一些用具。这时古茨彼德拿出一些克鲁克斯管给友人看，并向他做了表演。第二天金宁斯把底片冲洗出来，发现非常奇怪的现象：两个圆盘叠在火花轨迹之上，没有人能够解释这个奇怪的效应。底片就跟其他废片一起放到一边，被人遗忘了。6 年后，当伦琴宣布发现 X 射线后，古茨彼德想起了这件事，把那张底片找了出来，重新加以研究。他把桌上的布置按原样摆设在进行实验，结果得到了同样的照片。

1896 年 2 月 22 日，古茨彼德在宾夕法尼亚大学做了一次关于伦琴射线的演讲，在结束时讲到他当初实验的故事，说道："我们不能要求伦琴射线的发现权，因为我们没有做出发现。我们能提出的顶多就是：先生们，你们记住 6 年前的这一天，世界上第一张用伦琴射线得到的图片就是在宾夕法尼亚大学物理实验室得到的。"

在此前后，还有一些人更接近于做出 X 射线的发现。例如，J. J. Thomson（汤姆生）在 1894 年测量阴极射线速度时，就有观察到 X 射线的记录。他没有工夫专注于这一偶然现象，但在论文中却如实地做了报道。他写道："我察觉到在放电管几英尺远处的普通德制玻璃管道中发出荧光，可是在这一情况下，光要穿过真空管壁和相当厚的空气层才能达到荧光体。"

Lenard（勒纳）是研究阴极射线的权威学者之一，他在从事研究不同物质对阴极射线的吸收时，肯定也"遇见过"X 射线，他大概是认为荧光屏涂的是一种只对阴极射线敏感的材料而发光，没有深入研究，因而未获明确结论。但他始终对伦琴占了发现 X 射线的优先权而耿耿于怀。甚至当他在 1905 年获诺贝尔物理学奖时还说："其实，我曾经做过好几个观测，因为当时解释不了，准备留待以后研究——不幸没有及时开始——这一定是波动辐射的轨迹的效应。"当伦琴宣布 X 射线的发现以后，勒纳还认为 X 射线是速度无限大的阴极射线，他把阴极射线和 X 射线混淆在一起；而伦琴则在 1896 年就宣布 X 射线不带电，与阴极射线有本质的区别。

这些翔实的记载几乎都是思维定式影响科研工作的例子，它们说明，有的科学家即使在别的方面做出了非常伟大的贡献，也无法摆脱思维定式的影响。

然而定势思维并不总是坏的。因为从积极的方面说，定势思维实际上是专业训练的必然结果，积极的思维定式会大大提高相关信息处理和加工的效率。如何利用定势思维的积极一面，又尽量摆脱定势思维对创新的阻碍，是人们都希望解决的问题。为此，必须了解有关定势思维的认知规律。

思维定式的心理学研究

对思维定式更一般的说法是心理定势（Mental set）。认知心理学对心理定势进行了广泛的研究，认为定势反映的实际上是人在认知任务转换中的一种认知现象。一般来说，人经常需要在不同的任务之间进行转换，比如某人正在上网查资料，这时电话铃突然响了，他暂停查资料去接电话。这是一位朋友打来的电话，要过来和他讨论某个问题，他就要为讨论做相应的准备。以上这些认知任务转换看似简单，却既涉及无外部刺激的内源性准备（endogenous preparation），例如上面说的为讨论做准备；又涉及对外部刺激作反应的外源性调节（exogenous adjustment），例如上面说的听到电话铃响去接电话。任务转换需要有一个合适的心理资源配置、一个程序图或任务设置（task-set）。Collete等人把这种从一个认知任务转换到另一个认知任务的过程称作转换（shifting process 或 switching process）。任务转换是人类认知加工的一种基本现象。在工作记忆中转换体现为竞争同一认知资源的不同任务之间相互转换的控制过程。也正是由于不同的认知任务之间存在着对认知资源的竞争，就相应地会出现竞争成功和失败的情形，如果新的任务在与老的任务的竞争中失败，就会表现出定势。

一、转换代价（switching cost）

所谓转换代价，是指发生任务转换后被试完成任务的绩效下降的量，通常用反应时或者正确率等来表示。一般来说，即使是成功的转换，也会表现出一定的转换代价，了解转换代价的规律可以从侧面显示定势的规律。

心理学家通过任务转换实验来了解转换代价的规律。通常要求被试注意、归类或记忆刺激的不同成分或属性，当刺激序列中的一个刺激呈现时，被试需按实验要求执行任务。有时是从一个任务转换到另一个任务，有时则不发生转换，这样就可以测量被试对刺激的反应，并对结果进行比较。

Jersild 使用区组设计，最早研究了任务转换，实验分成任务重复组和任务转换组，分别进行测量，对实验结果进行分析发现：与任务重复相比较，任务转换导致反应时明显增长，即出现了转换亏损（switching cost）[167]。众多的研究都表明，在大多数情况下，转换任务在执行时是与反应时增加（称为时间亏损）（time cost）相联系的。例如 Allport 等人以及 Sohn 等人关于转换加工的研究，在实验中被试快速地重复两个相同的任务或者在两个不同的任务间转换，结果发现：被试执行转换任务比执行重复任务的反应时长，并且任务转换序列的错误率高于任务重复序列[154, 168, 169]。表现出典型的转换代价。

Moulden 等人在一个任务线索范式实验中让被试在两个随机顺序的任务间进行转换[170]。他根据实验结果指出，转换代价至少包括三种成分：

（1）先前任务设置的消极耗散（passive dissipation）。尽管先前的任务已被完成，但是任务设置还保持一段时间。

（2）新任务设置的准备（preparation）。若被试根据指示性线索为任务转换做准备，转换代价明显减少。

（3）剩余成分（residual component）。即使延长线索和目标间间隔，转换代价仍然存在，表明准备并不能消除转换代价。

Monsell 和 Yeung 在一篇关于任务转换的综述中提出，转换代价的成分包括：准备效应（preparation effect），如果提前给出即将到来的任务的相关信息，并且允许被试为之作准备，转换代价通常会减少；剩余代价（residual cost），准备并不足以彻底消除转换代价，实验发现在准备 600ms 之后，转换代价好像到达一条稳定的渐近线，反应时的延长量不再减少；混合代价（mixing cost），尽管在一个转换序列之后被试的成绩能快速地恢复，但反应仍比在一组内仅执行一类任务慢（如，BAA 与 AAA 中的 A 任务），此转换代价称为混合代价[171]。

在转换代价的理论方面，对转换代价来源的解释主要有三种理论，即任务重建（task-set reconfiguration）、联结的竞争（task set priming / associative retrieval）以及任务设置的惯性（task set inertia）。其中第一种理论即任务重建理论强调执行控制在转换过程中的作用，即强调自上而下的加工。第二种理论认为是刺激—反应联结（stimulus-response association）的作用，即强调自下而上的刺激驱动。最后一种理论认为任务设置在执行后还会存在一段时间。

在任务重建理论中，Rogers 和 Monsell 曾提出任务设置（task-set）的概念，即同一刺激在不同的情况下对应的反应往往不止一种，在特定的条件下需要进行内部设置，使得执行的是对应当前任务的反应而不是其他的反应，这种内部设置被称为任务设置[172]。据此他们认为，相对于重复任务只需保持之前任务设置而言，在执行转换任务时首先需要一个"任务重建"的过程。它要求转移注意，即将当前任务的反应规则装载到工作记忆中以及改变之前的反应规则。这个过程包括抑制之前的任务设置和激活当前的任务设置，并为反应做好准备。因此把任务转换中这一准备过程称为内源性准备。正是这个额外过程的存在，造成了转换代价。按照任务重建的观点，Rogers 和 Monsell 提出内源性准备是时间的函数，当两个任务之间的时间间隔增加时，转换代价就会减少。但发现尽管是在预知的情况下，任务之间有很长的时间间隔，转换代价也绝不可能完全消除。这暗示了内源性准备不足以消除转换代价，仅能在转换到新的任务时，随着外部刺激的呈现，被试改变先前的反应规则，转换到当前任务的反应规则并执行判断反应，从而完成任务转换。这个加工过程被称作新任务的外源性调节。在这种意义上，转换加工是在外部刺激的基础上完成的。

　　刺激—反应联结理论认为只有当刺激对应于多个刺激—反应联结时才存在转换代价。如 Jersild 的早期研究，使用两个任务序列，其中一个序列是对给定的数字加 3 或减 3；另外一个任务序列是对给定的数字加 3 或报告给定形容词的反义词[167]。前一个任务序列中每个刺激对应着两种可能的反应，称为双向刺激（bivalent stimulus）；后一任务序列中每个刺激只对应着一种反应，称为单向刺激（univalent stimulus）。在双向刺激序列实验中发现了转换代价，而在单向刺激序列实验中没有转换代价。这表明，只有当刺激对应于多个刺激—反应联结时才存在转换代价，但 Hunt 等人却得到相反的结果[173]。根据 Mayr 等人的研究，转换代价可以用竞争假设进行解释：当靶刺激是双向刺激时，在所有的序列中（包括转换的和重复的），都存在竞争，最后被执行的是竞争胜出的任务[174]。并且每执行完一个任务，其对应的联结会得到加强。例如，任务 A 对应于重复序列，它在之前的序列中得到加强，相对更容易在竞争中胜出；反之，如果任务 A 对应于转换序列，在之前得到加强的是另一任务，任务 A 在竞争中胜出就困难些，相应的耗时更长，产生转换代价。

　　Allport 等人提出的任务设置的惯性理论认为，任务设置在执行后一段时间内还会存在[21]。被试在完成弱势任务（未建立任务设置）时需要对强势任务（已建立任务设置）进行额外的抑制，因此弱势任务的设置中包含了对强势任务的抑制，如果从弱势任务转换到强势任务，则强势任务由于受到了抑制从而增大转换代价。一些实验支持了这种解释。在延长反应与下一个刺激出现的时间间隔，为任务设置提供了减弱的时间的情况下，转换代价就减少。还有实验发现，ABA 中最后一个任务 A 的反应慢于 CBA 中任务 A 的反应，这表明对新近发生的序列存在抑制，此抑制用来脱离新近的任务设置，以便进行接下来的任务设置。因此，任务转换包含抑制成分。Monsell 等人曾经构建了一个数学模型，根据此模型，假定控制过程对任务总是提供最小的内源控制，也可以解释为什么更难转换（付出更大的转换代价）到比较容易完成的任务 [175]。

当然，转换加工不仅存在于不同任务之间，还可以在同一刺激（复合刺激，如由小字母组成的大字母）的不同层次上进行，这是整体加工和局部加工之间的转换。

二、转换过程—转换加工的执行控制理论

Sohn 等人认为人类的认知过程决定于自动控制（automatic control）和执行控制（executive control）[169]。自动控制是外源性的，由外部刺激或事件驱动，是与一个随之而来的确定的行为紧密联系的，无须应用注意，没有一定的容量限制。而执行控制是内源性的、有意图的、主动的，反映了当前的目的，是一种需要应用注意的有意识的控制，其容量有限，可灵活地用于变化中的环境。因此，执行控制在人类认知过程中的作用尤为重要，它是人类高级的认知活动。

前人根据研究结果提出了转换加工的几种执行控制理论，主要有：

（1）注意到动作理论（attention-to-action）。这种理论认为执行控制由三个部分组成：行为图式、竞争计划以及监控注意系统。行为图式是执行单项任务的特定化路径，当由不同的刺激同时激发多项任务的行为图式时，就会产生倾向性冲突。竞争计划起调节作用，使优先级任务胜出。然而当涉及新的任务或任务组合时，竞争计划不可能总是有效地处理这些冲突。监控注意系统通过有选择地激活或抑制特定的行为图式，达到任务转换的目的。

（2）前额叶执行理论（frontal-lobe executive）。这种理论强调大脑机制，特别是前额叶在执行控制中的作用。额叶占大脑皮层的三分之一，它虽然与各种运动、感觉器官没有直接的联系，但由于它与大脑的其他中枢区域的联系，所以被看作高级心理活动的所在地和意识的场所。

（3）执行控制的阶段模型（stage model of executive control）。根据这一理论，在继时性任务程序中的操作涉及两个相互作用的阶段：

任务加工（task processing）阶段和执行控制加工（executive control processing）阶段。任务加工阶段是在单项任务和多项任务条件下进行独立的知觉和认知任务的操作。执行控制加工阶段包括两个不同的步骤，目标转换（goal shifting）和规则激活（rule activation），它们是通过执行性操作规则（executive production rules）来完成的。

（4）策略性反应—延迟理论（strategic response-deferment）。这种理论使用规则产生的形式体系，构建了一个执行—加工交互控制的体系架构。该架构在一个统一的理论结构中，融合了人的信息加工系统的不同部分，包括知觉、认知以及以工作记忆存储为界面的动作处理器。基于此结构，能对多重任务的完成做量化的描述。

（5）两成分模型（two-component model）。这种理论强调多项任务转换中的两个成分，即任务准备（task preparation）和任务重复（task repetition）。任务准备是指在任务前给予人们相关知识，以便他们能够对一个特定的任务进行操作，其作用反映了内源性执行控制（endogenous executive control）。任务重复是指让人们操作同一任务，在没有预先知识的情况下，其结果反映了外源性自动控制（exogenous automatic control）。该理论假设任务准备和任务重复两个成分相互独立，并且它们涉及不同的机制。

（6）平行分配加工理论（parallel distribution process）。这种理论强调心理资源之间的关联和分配。

虽然上述这些理论都很好地解释了其所假设的任务转换中的执行控制，但各自仍然存在着一定的局限性。

三、影响任务转换的因素

研究表明，积极情绪有利于任务转换的成功，这可能与积极情绪对注意调节的作用有关。

Fredrickson采用电影短片诱发被试的不同情绪状态，采用整体—局部性视觉匹配任务，发现在积极情绪状态下被试更容易选择与靶图形在整体特征上一致的图形，说明积极情绪可以使注意范围变得更广，关注整体而不是局部特征 [176]。Baumann 等人研究发现，被试回忆过去的愉快或悲伤的事件并以情绪词表示这种感受时，在积极情绪启动词下，个体能够克服前面的优势化反应，注意整体的视觉信息，而在任务需要时，可以迅速地对局部信息做出反应。这证实了积极情绪提高了认知灵活性 [177]。Compton 等人研究发现，积极情绪水平低的被试水平要比积极情绪水平高的被试水平从一个注意点到另一个注意点的转换速度水平慢，他们认为，这证明积极情绪水平低时，认知灵活性差 [178]。Kuhl 等人采用情绪词启动任务，发现积极情绪可以减少 Stroop 干扰，再次证明了积极情绪可以克服定势反应 [179]。

目前一般认为，积极情绪的进化意义在于传递环境中不存在危险的信号，与他人交流，建立良好、合作的关系，乃至在以后生存受到威胁的情境中，可以有更大的把握、更多的资源以获得生存的机会，继续繁衍。因此，Fredrickson 提出了积极情绪的拓展—塑造理论，认为因为积极情绪出现在个体生命不受威胁的环境中，个体感到安全，注意范围拓展，思维也相对灵活，更容易注意到新进入认知系统的信息，而任务恰恰又要求对新的信息进行加工，所以，此时积极情绪状态下的个体能够迅速地按照任务的要求对新信息作出反应 [180]。

从进化角度看，消极情绪是种系在发展过程中，个体在面对威胁和危险时的适应性生理表现。此时个体处于一种紧张的应激状态，迫切地产生某一行为来应对危险情境，缓解应激。例如，愤怒引发攻击；恐惧引发逃跑；厌恶引发远离。同时还伴随出现一系列的生理变化（例如肌肉、呼吸、心跳都会发生变化），这种本能的自我保护性的防御反应使个体能够幸运地脱离危险，因而具有非常重要的适应性意义。Ellis 等的资源分配理论是这样解释消极情绪与认知关系的：在诱发消极情绪的威胁性或危险性刺激出现时，个体的注意资源被高度占用，无暇关注其他，注意范围变窄，当再要求个体完成其他需要占用认知资源的任务时，就出现注意竞争，从而影响了认知作业的成绩，尤其是在执行对注意资源要求较高的认知任务时，思维容易陷入被动刻板。许多研究都证实，消极情绪损害记忆成绩、破坏执行功能、耗费注意资源、影响认知作业。对 16—18 个月婴儿的研究也发现，被试倾向在积极情绪（高兴、有兴趣）下更迅速地完成认知作业，而在消极情绪（恐惧、痛苦）下出现抑制性反应。

正因为消极情绪与积极情绪的进化意义不同和性质不同，所以在积极情绪状态下，个体能够更容易地产生由新异性刺激所导致的无意注意，这种无意注意的发生在时间上要早于有意识注意。而如果任务是要对新信息进行加工，此时积极情绪状态下的个体便能够迅速地按照任务的要求对新信息做出反应。

四、任务转换的研究范式

Jersild 在 1927 年提出了任务转换范式（task switching paradigm），最早研究了任务转换[167]。他在实验中使用区组设计，分任务重复组（即单一任务区组）和任务转换区组，任务序列（以两种任务类型为例）为 AAA...BBB...ABABAB...。结果表明，在任务转换区组中被试的反应明显慢于在单一任务区组中的反应。在这个范式的任务转换区组中，被试不仅要记住任务序列，还要保持对两种任务处于准备状态，工作记忆的负担较重，因此不能确定任务转换区组中被试反应变慢是由更重的工作记忆负担造成的，还是由于任务转换本身。为了避免这个问题，Rogers 和 Monsell 使用了交替转换范式（alternating-runs paradigm）[19]。在这个范式中，被试每执行 N 个同类任务转换一次（N 为一个大于 1 的整数），任务序列（以 N=2 为例）为 AABBAABBAABB...，在这样的组里转换任务与重复任务的工作记忆的负担相当，因此他们认为反应上的差异来自任务转换。常用的实验范式还有任务线索范式（task-cueing paradigm）和指示转换范式（intermittent-instruction paradigm）。与前面两种范式不同的是，在任务线索范式中，任务序列是不可预测的，在每个目标出现之前或者同时，会有线索提示要执行的任务类型。在此范式中，重复和转换任务的工作记忆负担也可以平衡。在指示转换范式中，被试一直执行一组同类任务，直到被告知接下来要进行的任务类型，然后继续执行下一组任务。当得到指示进入到另一组任务时，即使任务类型没有发生变化，被试的反应也会变慢，但变化的幅度会小于进入到一组不同类型的任务的变化幅度，它们之间的差异被用来表示转换代价。

对任务转换的研究开始于行为实验，近几十年已有大量的行为实验来探究转换加工，实验范式也日趋成熟。研究主要集中在转换代价、转换代价可能的成分、内源性准备和外源性调节、任务转换的执行控制理论、任务之间时间间隔对转换代价的影响、任务转换之间的非对称性等问题上。尽管这些研究获得了很多有意义的行为结果，并在这些结果的基础上提出了如前所述的一些理论，但是也存在诸多争议。当然，这些行为实验只是一种外在的间接测试，它们在多大程度上反映心理过程，还有待进一步的研究。而且因为它们受到多种因素的影响和制约，需要有精巧的实验设计和良好的条件控制。要达到深入理解任务转换机制的研究目的，还需要利用神经生理学方法进一步探究。

2.2　情感性因素

下面讨论个体的科研心理中的情感性因素，包括科学家的情感与理性、科研的"有趣"，以及情绪对科研活动中执行功能的作用等。

2.2.1　科学家的情感与理性

自柏拉图以来，大多数哲学家认为情感会干扰理性和推理。科学家们通常被视为理性的典范，而科学思维通常被认为独立于感性思维。但目前越来越多的来自认知心理学和认知神经科学的证据表明，理性思维和情感是互相影响的。这里考察一下科学思维和情感的关系，如果作为理性思维的最高形式的科学思维都和情感不可分割，那么关于情感和理性相互独立的传统观点就自然无法成立了。

先来看 James Watson 的例子。Watson 和 Francis Crick 一起发现了 DNA 的双螺旋结构，是 20 世纪最重要的生物学家之一。情感在他们发现这一结构的过程中发挥了什么作用呢？实际上，Watson 在他的自传体著作《双螺旋》(*The Double Helix*) 一书中，不但描述了他的思想和假设，同时也描述了他在这个过程中所伴随的情绪[181]。在那本书中，涉及两百多个情绪词，一半以上都和他自己的体验有关，并且一半以上都代表了积极情感。虽然自传并不是回忆的精确实录，但是至少说明科学家也有情感丰富的一面。

这一节尝试从科学发现的不同阶段（如探索、发现和判断等阶段）来分析科学家情感的作用。

2.2.1.1　情绪在探索中的作用

科学理性的讨论通常主要在判断阶段进行，例如判断某个新理论是否可以代替现有理论。但是，科学家们在进入判断阶段之前，有大量的决策要做。首先第一步，追求科学事业的青年学生必须回答"我应该专注于什么科学领域（如物理学、生物学）？我应该着眼于其中哪些方面的学科（如高能物理学或分子生物学）？我应该专注于哪一个特定的研究课题？我应该研究哪个具体问题？用什么方法和工具？"从理性决策的传统观点来看，科学家应该根据社会的需求、现有的知识，以及个人的条件，理性地计算这一切答案的预期效用来做出一个理性决策。其中包括考虑科学目标，如科学发现和理解，也可能考虑个人目标，如名誉和经济利益。然而，选择什么主题来研究的决策很多是基于情绪而不仅是理性计算的决定。完全基于理性的计算来选择研究主题几乎是不实际的，因为无法确切地知晓效用的概率，科学家恰当的和实际的做法在很大程度上依赖于认知情绪，如兴趣和好奇心去塑造他们的探索。

Watson 的叙述清楚地表明，他和 Crick 强烈地被兴趣驱动。Watson之所以离开哥本哈根，正是因为发现他在那里所做的生化研究非常无聊。与此相反，DNA 的物理结构问题却让他非常兴奋。Crick 也有类似的言论，他说，他和 Watson "热切地想知道结构的细节"。

不单是兴趣和好奇心直接驱动科学家追求具体问题的答案，其他的情绪，如快乐和希望能够帮助和激励他们完成费时费力的探索。这些因素显然是重要的，Watson 和 Crick 经常因为认为自己在正确的轨道上前进而感觉到很兴奋，两人都因为将要能够一睹 DNA 的结构而非常欣喜。他们强烈希望能够获得一个重大的发现，这种希望是一种正向的情绪。

除了积极的情绪（如兴趣和快乐），科学家也受到负面情绪（如悲伤、恐惧、和愤怒）的影响。他们在探索过程中，如果达不到预期效果，就会产生沮丧或悲伤的情绪。但这样的情绪产生的并不完全都是负面影响，探索过程中的失败引起的负面情绪常常能激励科学家去探索替代方案，从而使得研究能最终获得成功。

恐惧的情感也可以起激励作用。比如，Watson 和 Crick 都非常担心其他人会在他们之前发现 DNA 的结构。Watson 写道，当他听说化学家 Pauling 提出了一个结构时，他感觉到似乎失去一切的沮丧。这些担心和疑虑源于他们自己经历的挫折。Watson 在最初的类晶体的假说被否定时非常担忧，试图采用近似的假说来挽救这个假说。

至于其他的负面情绪，Watson 经常提到的是愤怒。对于自己，Watson 只提及过他的烦恼和挫折以及轻微的愤怒，但他描述了 Crick因为其导师的论文中没有承认他的贡献所经历的愤怒。人在体验愤怒时伴随的目标就是阻止某些人或事件[182]。Watson 和 Crick 都因为 DNA的复杂性变得非常易怒和敏感，Watson 所说的与愤怒有关的情节大多是对人的，少量是对事的。不过从 Watson 的自传中，并不能发现愤怒对探索过程的积极作用。

情绪在探索中的作用可以简述如下：兴趣、怀疑、好奇和规避枯燥是影响问题选择的关键因素；反过来，一个好问题，可以增加好奇心和兴趣，并产生幸福感。一旦问题产生，正面的情绪（如兴趣和愉快的互动）以及负面情绪（如恐惧）都会影响试图探寻问题答案的认知过程。

　　Watson 所描述的他自己和同事们的情感，通常在其他科学家身上也会发现；他们最大的共性情感是好奇，科学家们通常将好奇而非成功作为驱动其探索的原动力。Kubovy 认为，好奇心是动物从在环境中的觅食行为进化而来的，事实上许多哺乳动物更喜欢丰富而非简单的环境[183]。人类会感到好奇的事物非常广泛，那些对整个人类来说都是未知的主题，强烈地驱动着科学家们的工作。Loewenstein 认为知识的不足是好奇的根源[184]；不过事实上，科学家会注意到很多知识不足的领域或问题，而只有其中很小一部分会引起科学家去获取答案的欲望，这就必须引入情感来加以解释。

2.2.1.2　答案揭晓时的情感

　　如果科研工作成功地验证了假设，科研工作者喜悦是巨大的；这个喜悦并不来自外在的奖励，而是来自探索欲的满足，如果研究结果不能支持假设，数据与期望不同，则会产生强烈的悲伤和失望的感情。这些情绪性的体验，被众多的科学家在各种场合反复地描述过。Kubovy（认为对新知识和新技能的掌握带来的愉悦感，在一些动物身上（如猴子和海豚）也同样可以观察到，表明探索欲可能来自生物的本能[183]。

2.2.1.3　评判科研成果时的情感

　　对科研成果的评判也会遇到很强烈的情感色彩。科学家有时候对规律优雅、简洁、完美的追求近乎苛刻，甚至发展出了科学美学这样的学科，虽然以看似非常冷静的语调讨论科学发现的评判问题，但实际上所涉及的原则都来自非理性的情感倾向。许多其他的科学家事实上已经确定了美丽和优雅应该作为理论能否被接受的识别标志。

协同理论这个观念的产生是跟评判科学结论的过程有关的，这个过程可以用以下几点来解释：

1. 所有的评判都是以协同为基础。一个理论无法从自身获得证明，评判的唯一规则是：如果这个理论与已知的理论和事实是否有最大限度的一致性。

2. 协同实际上是对约束条件的满足度，并且可以通过联结和其他算法来计算。

3. 有六种协同性：类比，概念，解释，演绎，感知和反思。

4. 协同性不只是接受和拒绝某个实体命题的论断，也涉及伴随的产生积极或消极反应的情绪评估。

在协同理论这个框架下，一个理论不仅在认知方面有被接受或拒绝的不同的对付状态，同时在情绪方面也有被喜欢或不被喜欢的不同体验状态。因此才会有关于一个科学理论是不是"美"的体验。

2.2.1.4 科学家是否有情绪？

尽管科学家不断地努力科学研究工作达到完全客观，但是切断认知中的情感因素是不可能的。来自心理学和神经科学的大量证据表明，认知和情感过程是紧密交织在一起。至于个别科研人员因为想出名而编造数据，这种违反科学道德的行为也来自他们不道德的情绪因素。

上述关于探索和发现阶段的情绪的讨论表明，积极的情绪（如快乐）甚至负面情绪（如焦虑）对于激励和指导科学实践都会发挥重要作用。科学研究工作常常是困难和令人沮丧的，但科研工作者持续地投身科学，也因为它能够带来探索的满足。没有激情的科学家恐怕大多数是比较平庸的科学家。

在计算机或者人工智能体的理性信息处理中加入各种情绪，如兴趣，惊奇，以及好奇心的因素等也正成为认知科学家的目标之一。当然，即使计算机的处理能力和人工智能发展迅速，他们还远不足以取代科学家。

2.2.2 科研的"有趣"

从心理学的观点来看，一个好的实验研究往往是一个"有趣"的研究。在结果正确的前提下，在各种研究中"有趣"的研究更具有影响力。在社会科学领域中，Davis（1971）曾对研究的"有趣性"做过系统的研究。他指出，一个伟大的理论家之所以"伟大"，并不仅仅因为他的理论是正确的，而且因为他的理论是有趣的，他认为能够引起他人的兴趣是"伟大"的必要条件。

心理学研究表明，"有趣"的研究能够激励人们进行更深入的学习。Sansone 和 Thoman[185] 以及 Silvia[186] 在理论上指出，能够体验到任务的"有趣"是一种独特的情绪，这对个体的任务绩效有非常重要的影响。感到"有趣"会激励个体自主地去完成任务的，并且可以让个体持续地保持对这个任务的投入。Ainley 等的研究表明，读者是否感知到文章的题目"有趣"，会影响他们阅读这篇文章的概率，以及阅读过程中的正向情绪，继而正向情绪会影响这些读者是否继续进行阅读。因此，有趣的研究报告更容易被阅读、被理解，从而更容易被记住。[187]

做有趣的研究对吸引和鼓励年轻学生将来从事科研工作起非常关键的作用。当一个研究生读到两篇他认为很有趣的文章时，他会说"这两篇文章给了我希望"，而其他没有兴趣的文章则让他怀疑"难道这就是我未来要从事的方向吗？"对博士生入学申请的分析表明，学生申请读博的目的，往往并不是做出让其他一流学者欣赏的研究，而是要做出能够对科学真正有所贡献甚至改变世界的研究。

2.2.2.1 科研"有趣"的要素

但是科研怎么才算"有趣"呢？"有趣"包含了哪些内容呢？Davis在他的文章中指出，使得学术文章有趣的最重要因素是这个研究能够否定一些（不是全部）原来公认的命题，特别是一些挑战了那些人们觉得"天然正确"的命题（比如"常识"）的研究。当然，说"挑战一部分而不是全部公认的命题"是重要的，因为人们会觉得挑战了全部命题的研究是荒谬的；另一方面，如果研究结果和人们原有的认知完全一样，则这个研究会被觉得"其结论是显然的"，自然也不会被认为"有趣"。总的说来，一个有趣的研究必须在某些方面是特别的，比如在一些心理学研究中表明一个原本认为的自变量其实是因变量，或者原本认为是相同的两个现象其实是不同的。另外，需要说明的是，有趣往往是对特定的读者而言，并不是所有的人都会觉得某个研究"有趣"，研究者要站在他试图影响的读者的角度去考虑研究的问题是不是有趣的。

AMJ（*Academy of Management Journal*）对曾经在顶级期刊上发表过文章的作者进行过一个关于"什么样的文章是有趣的"这一问题调查，参与调查的研究者需要提供至多 3 篇他认为最近 100 年内最有趣的文章（不限其发表的期刊）并提出其选择的理由。调查的结果支持了 Davis 的论点，也就是说有趣的文章挑战了现有的理论。这个调查还指出了其他因素，比如研究对当下的指导作用，以及对未来研究的影响等等。在这个调查中，研究者选择的文章非常分散，没有一篇文章被提及超过 5 次，这提示研究者需要考虑其读者。另外，来自巴西的研究者相比北美的研究者，更看重研究对当下的指导，表明判断研究是否"有趣"存在着文化差异。

2.2.2.2 关于"有趣"的心理学理论

一项科学研究是否有趣的问题是关于"什么是有趣"的一般性问题的一部分。下面我们从心理学方面对一般的情况讨论"什么是有趣"的问题。

长期以来，心理学家关注"有趣"的后果，也就是科研的"有趣"会造成什么样的积极影响。

先介绍 Daniel Berlyne 的模型。Berlyne 是一位用实验方法研究人类探索行为原因的早期研究者。他提出，一些与信息的差距（gap）和冲突（conflict）有关的变量与"有趣"有关，这些变量包括新颖性、不确定性和冲突。在一定范围内，这些因素的增加会相应地增强人的奖赏系统（reward system）的活动，从而导致"有趣"的体验以及鼓励探索的行为；但是如果这些因素过高，则会激发厌恶系统（aversion system），引起厌恶的情绪，从而导致逃避的行为。[188, 189] 虽然 Berlyne 的理论细节并没有得到实验的支持，但他的理论对当前理论的发展起了重要的推动作用，并且明确提出了"有趣"体验的个体差异。

在 Berlyne 之后，心理学家又发展了"有趣"的情景理论。这个理论认为，"有趣"的状态是由处于特定环境中的事件所触发的[190]。Berlyne 强调的是事件，而这个理论更加强调环境的因素（大部分变量与 Berlyne 的理论一致）。但是由于这个理论没有考虑个体的差异，因此有明显的瑕疵，因为没有一件事会让所有人都觉得有趣。

心理学理论认为"有趣"是一种情感（emotion）。当前，主流的理论是认知评估理论（cognitive appraisal model）。认知评估模型是关于情感的一般性模型，这个模型认为，最终体验到的情感依赖于感知的对象对一组情感元素的评估结果（比如跟目标的关联度、复制的难度、对因果性的贡献等等）。

认知评估理论解决了情景理论未考虑个体差异的问题。认知评估理论认为"有趣"是基于个体对事件的认知评估，而不是事件本身的客观特性；不同的个体，因为背景、经验等等不同，对同一个事件有不同的评估是理所当然的事。特别是，对于评估"有趣"的两个要素（即新颖-复杂度和复制难度）而言，同一件事对每个人而言也是显然不同的，因此就有一个自然的推论，即不会有一件事使所有的人都觉得有趣。另外，需要说明的是，在认知评估模型中引入了新颖—复杂和复制难度两个存在一定制约关系的维度，就可以解释新颖性和复杂度与"有趣"之间的非线性的关系。

认知评估模型得到很多实验的支持。有一类实验以一般的感知对象为材料，发现新颖性、复杂度等真实影响了"有趣"的体验；而另一类实验基于阅读材料，发现文章易读性、文章内部的一致性和文章是否具有广泛的意义等影响了"有趣"的体验。另外，对不同个体"有趣"体验的个体差异的实验有力地支持了对认知评估模型。

需要说明的是，"有趣"并不和愉快的情感体验完全一致。Samuel等人对比了两种类型的画，一种类型的画让人平静，但是不具备"有趣"的特征，另一类的画让人反感，但是具有"有趣"的特征。对观察者的问卷和行为评估都表明，"有趣"和"愉快"是可以分离的两种不同的体验。

2.2.3 情绪对科研活动中执行功能的作用

兴趣对微观科研活动的作用在于通过情绪影响科研活动中的执行功能。执行功能（executive functioning/functions）是近年来认知及发展领域的研究热点。宽泛地说，它是一个囊括所有复杂、高级认知过程的集合概念，这些高级认知过程是对低水平、自动化的基本认知加工的由上而下的心理控制，使得个体在目标指引下自主调节低级认知加工中的刺激输入以及反应输出。这些过程突破与生俱来或是稳定习得的"刺激—反应"的刻板联结，从而确保个体在面对新异或困难情景时作出灵活、恰当的行为反应。执行功能包含三个最为基本的构成成分：反应抑制（responses inhibition）、心理定势的转换（shifting/switching of mental sets），以及工作记忆表征的刷新（updating of working memory representations）。这些认知功能都在科研活动中发挥了巨大的作用（包括积极和消极两个方面）。

心理学中对情绪与认知的关系研究由来已久，早在 1908 年，Yerkes 和 Dodson 就建构了情绪唤起与认知表现之间的"倒 U 形"关系，认为在一定任务难度下，过度焦虑有损认知表现。受此理论影响，早期心理学研究主要关注情绪状态与认知结果，而且不深入到二者关系的背后机制中。[191] 随着认知心理学的发展，研究者意识到认知过程在这种关系中的调节作用，逐步发现情绪如何影响注意、工作记忆等认知过程。不过，大部分的研究表明，消极的情绪固然会损害执行功能，积极的情绪同样也会损害执行功能。因此，科研活动中，必须保持冷静，不受情绪活动的影响。

可是如果不论情绪好坏，都会影响执行功能，为何还要强调科研活动中兴趣这些明显会引起积极情绪的因素呢？这是因为，科研活动中存在着大量的重复活动；心理学的研究表明，大量的重复活动会导致消极情绪。因此在经年累月的重复性的科研活动中，要保持冷静稳定的情绪水平，而如果没有兴趣所引发积极情绪去进行调节，这是不可能办到的。

2.2.4　情绪影响的实例：科研人员的压力与产出

压力属于科研人员的非常典型的情绪。科研机构对科研人员科研绩效的评估是压力的重要来源。因为科研成果的数量和质量是评价科研机构的核心指标，所以各大科研机构均制定了一系列科研绩效考核标准，把科研绩效与职位、收入直接联系，对于刚刚获得教职的年轻科研工作者来说，这个考核还有非常有限的时间窗口。

一份关于 2007 年北京市高校教师职业压力的调查数据显示，在经济、科研、教学等压力中，对副教授和教授而言，科研压力居于首位，对讲师而言，科研压力仅次于经济压力，排在第二位。面对如此巨大的科研压力，不同教师所表现出的压力反应和科研绩效水平存在严重差异。有些教师会精神紧张、生活压抑，导致身体产生不良反应，工作效率低下，严重影响科研绩效；而有些教师却不容易受到压力的消极影响，反而表现出乐观的态度，产生积极的应对行为，从而取得大量高水平的研究成果。由此可见，科研压力是一把双刃剑，它对科研绩效会产生积极还是消极的影响，关键在于个体对压力的反应。Baron

和 Kenny 指出当自变量和因变量的关系在强度或方向上存在变化时，可能存在调节变量影响着二者的关系，所以在科研压力和科研绩效之间可能存在某种调节变量。张桂平和廖建桥提出科研压力的权变理论，把科研压力定义为科研工作者对外界情境的认知评价和情绪体验[192]。可见，环境差异和个体差异可能是导致教师在科研压力下表现出不同科研绩效水平的关键因素。

如果简单地以学术氛围代表环境差异，以情绪智力代表个体差异，有研究显示了科研压力对科研绩效产生影响的条件和作用的机理，如下的结论可供参考：

1. 科研压力负向影响科研绩效

压力与绩效的关系一直是行为学家和管理学家关注的主题之一。以往的研究结果发现，压力和绩效之间的关系具有不确定性。大量实证结果表明压力与绩效呈负相关，但也有部分研究认为压力与绩效正相关，或者两者是倒 U 形关系，即当压力从小变大时，绩效先逐渐增大，达到某一特定值之后，又逐渐减小。耶基斯—多德森定律为合理的解释压力与绩效的关系提供了新的视角，耶基斯—多德森定律认为，按照难易程度，工作可分为简单和复杂两种。对于简单的工作，心理压力与绩效之间正相关，而对于复杂的工作，心理压力与绩效之间是倒 U 形关系。回归到本文的研究情境，科研工作是一种复杂的工作，参考耶基斯—多德森定律，科研压力与科研绩效应是倒 U 型关系，但是，目前高校教师正承受着巨大的科研压力，可能超出了适宜的范围。随着科研压力的膨胀，我国高校的科研成果呈现了这样的发展态势：论文和专著的总量与日俱增，但相比之下，发表在国际高水平期刊上的论文数量占总量的比重甚小，缺少原创性成果，并且学术造假、学术抄袭等现象频频发生。这表明科研压力虽然提高了科研成果的产出量，但是衍生了很多隐患，降低了科研成果的质量，而科研绩效的衡量要综合考虑科研成果的数量和质量，毫无学术价值的垃圾论文数量再多也没有意义。另外，在高压下，不善于调节压力的教师会产生心理负担，逐渐焦虑和不安，甚至产生职业倦怠，难以达到科研绩效考核标准。

2. 学术氛围能正向调节科研压力与科研绩效的关系

Lewin 最早提出氛围（climate）的概念，指出欲了解员工的行为，需先考虑行为发生的场所，氛围是员工对环境的评价和感知，对员工的动机和行为有重要的预测作用，并且能直接或间接地影响员工的绩效。氛围是针对工作情景而言的，不同情境下的氛围类型存在差异[193]。基于高校的特殊性，可以把"氛围"限定为"学术氛围"。学术氛围是高校通过各类学术活动的积淀所形成的本质的、深层的文化底蕴，是一所高校区别于另一所高校的内在特质，它以一种潜移默化的方式影响着学校内部成员的工作动机、学术道德和科研态度。社会交换理论认为，当员工感知到组织的关心和支持，会受到激励和鼓舞，主动加入社会交换关系中，以积极的行动来回报组织，使个人和组织获得最大的需求和满足，实现双赢的理想情况[194]。良好的氛围能减少低压力导致的消极反应，有助于组织成员保持良好的工作心态。良好的学术氛围意味着教师能积极主动地参与学术会议和学术讨论，拥有浓厚的科研热情和崇高的学术精神，长期处于这种环境下，耳濡目染，可树立学术研究的信心、掌握正确的科学研究方法、领略学术前沿问题，因此能有效减少科研压力的负面影响，进而提高科研成果的产出水平。

3. 情绪智力能正向调节科研压力与科研绩效的关系

Salovey 和 Mayer 首次提出了"情绪智力"（emotional intelligence）概念，把情绪智力定义为个体认知、评价、管理和控制自己或他人情绪的能力[195]。此后，情绪智力被广泛应用到心理学、行为学、教育学和管理学领域，用于探讨情绪对生活和工作可能产生的影响。从2000 年起，组织行为学领域的国际顶级期刊 *Journal of Organizational Behavior* 刊登了大量有关管理者或员工情绪的文章，至今为止，有充足的研究表明情绪会影响到个体对周围环境的感知，进而影响个体的行为。Jordan、Ashkanasy 和 Hartel 认为情绪智力可作为调节外界刺激和行为表现的个体差异变量[196]，同时，Antonakis、Ashkanasy 和 Dasborough 指出情绪智力的积极作用主要体现在压力情境中[197]。在面对压力时，高情绪智力的个体能更好地控制情绪波动，采取适当的行为应对压力，相反，低情绪智力的个体易于产生紧张感，不利于在工作中取得优异的成绩。Lindebaum 探讨了情绪智力对心理健康和工作绩效之间关系的调节作用，结果表明，高情绪智力的个体相比低情绪智力的个体更能减少不健康心理带来的消极影响，从而能正向影响工作绩效[198]。具体到高校的场景下，情绪智力高的教师往往把科研压力看作是促使自己持续学习、不断创新的动力，把科研成果作为自身价值和能力的体现；而情绪智力低的教师通常会强化科研压力的负面影响，导致低自我效能，严重的则丧失工作信心，甚至产生学术不端行为。

另外值得指出的是，情绪智力的调节效果大于学术氛围的调节效果。虽然结果表明学术氛围和情绪智力都具有正向调节作用，但是二者的调节效果不同。高学术氛围水平组中科研压力对科研绩效仍然产生负向影响，但高情绪智力组中科研压力能正向影响科研绩效，说明学术氛围的调节只是改变了两者负向关系的强弱，而情绪智力的调节使两者的关系发生了方向上的变化，所以如果培养教师的情绪智力和营造高校的学术氛围所需成本相同，应首选培养教师的情绪智力，以有效改善科研压力对科研绩效的不良影响。

4. 学术氛围和情绪智力的交互作用能正向调节科研压力与科研绩效的关系

即使在相同的环境下，个体所感知的氛围也存在差异。同样是学术氛围浓厚的环境，有些教师把它看作是提高学术能力的机会，会快速地融入环境中，吸取精华，不断成长；而有些教师则认为这种环境充满紧张感和压迫感，相比学术领军人物自己变得很渺小，丧失科研信心。因此，存在某种个体差异变量影响着教师对学术氛围的评价和理解。有研究表明情绪是导致个体对氛围的感知存在差异的主要原因，高情绪智力的个体对积极的氛围更敏感。Güleryüz 等指出高情绪智力的员工，善于利用积极的情绪营造良好的组织氛围，更容易对工作满意，表现出较高的组织承诺[199]。

对高校教师而言，情绪智力水平越低，越会放大工作中的负面情绪，即使在良好的学术氛围下也不易于产生积极的行为；相反，教师的情绪智力水平越高，越能主动营造良好的学术氛围，因而更能感知到学术氛围的积极作用。由此本文认为，情绪智力能促进学术氛围对科研压力与科研绩效之间关系的正向调节作用。另外，个体感知、评价、管理和利用情绪能力的高低，除了与自身的人格特质相关以外，还会受到环境的影响。一些行为学家和心理学家致力于个体情绪智力的培养，认为经过后天的训练和环境的感染，能有效地提高个体情绪智力水平。教师长期处于具有良好学术氛围的环境，会把科研作为首要工作任务，能淡化导致组织冲突的因素，减少工作中的矛盾，促进组织和谐，无形中为情绪智力的培养营造了有利的氛围。而不良的学术氛围加剧了教师的科研压力感，教师需要具备较高的缓解压力和控制情绪的能力才能排除杂念、顺利完成工作，这对教师的情绪智力是一种考验，不利于情绪智力的培养。所以，良好的学术氛围能促进情绪智力的培养，而不良的学术氛围会阻碍情绪智力的提高。

综合以上分析，代表环境差异的学术氛围和代表个体差异的情绪智力相互影响，二者的交互作用可能对科研压力与科研绩效的关系起重要的调节作用，即情绪智力水平越高、学术氛围越浓厚，二者的正向调节作用越强。

2.3 人格和个性

除了认知能力和情感因素外，决定科学家最终成就的往往是他的人格和个性。大量研究表明，创造性与某些人格特征之间存在着高相关关系。Termen（1981）曾对 1500 名超常儿童进行了一次长达 50 年的追踪研究，研究发现在智力水平相差无几的情况下，超常儿童能否创造出创造性成果存在显著差异，其根本原因在于人格差异。[200]

总体而言，科学家的人格大致包含以下几个特征：

1. 求知欲强、思维灵活开放

高创造性、杰出的科学家比低创造性的、不很杰出的科学家更加灵活开放。MacKinnon 对包括科学家在内的具有创造成就的科学创造人才进行了细致的观察和测量，发现高创造性的个体聪明、认知灵活，并且对世界充满好奇，接受能力强 [201]。

2. 自主性、自立性强

富有创造力的科学家对独立和自主有强烈需求，在思考上拒绝外界压力，不受文化与环境的影响，不满足于现实，也不因外界的种种打击与挫折而感到沮丧。正因为如此，他们才能突破权威，创造出"革命性"的科学成果。Harbder 比较了以"高"和"低"创造成果为表现特征的两组青年科学家，发现前一组表现了相当的自信和对抗"社会压力"的能力，而后者经常有在周围人们中建立良好印象的欲望，并受到这些因素的支配和控制。

3. 勤奋而自大

在高度竞争的科学领域里，那些最多产、最有影响力的人将得到越来越多的资源，因此，成功往往是属于那些在竞争环境中勤奋工作的人，以及那些自信甚至自大的科学家。Feist 运用大五人格量表与加利福尼亚心理问卷对创造型科学家的研究表明，科学创造人才在认知上具有开放、灵活的特征，在人格上具有支配的、傲慢的、自信的、自主的、内向的、动机强的、有抱负的特征[202]。Roco 的研究也表明，高创造性的科学家和人接触时，常常表现出某种程度上的自大和自信，并且不很友善。另一方面，高创造性的科学家也常被人们认为是"呆板、远离生活、内向孤僻、孤傲、难以接近的" [203]。

4. 成就动机强、喜爱挑战性

高创造性的人才有较强的成就动机，他们渴望成功。"力求成功"的需要和"避免失败"的需要两种成分的构成决定了成就动机的强弱。力求成功者（即力求成功的需要高于避免失败的需要）比避免失败者（力求成功的需要低于避免失败的需要）更适合进行创造活动，有更多的创造机会，通常能有所创新并且创造性地解决问题。创造性高的人主要偏向于"力求成功"，他们热衷于从事开创性工作，并且敢于创新。此外，在面对挑战性的任务时充满活力。Csikszentmihalyi 等在"奔涌体验"（flow experiences）研究中，大量描述了人们寻求那些与自己能力相匹配的挑战的情形[204]。他提出，当个体所从事活动的挑战性与自身的技能水平相匹配时，能达到高度内部驱动的状态。这种奔涌状态被描述成在活动中的最佳状态，心理上无比愉悦、全神贯注，甚至连时间的流逝也似乎变慢了。当人们在某个领域的技能更加娴熟时，他们会寻找更富有挑战性的问题，以此来检验自己的能力是否有所提高，并继续感觉那种奔涌体验。Perkins 也描述了富有创造力的人们是如何对复杂问题感到兴奋的，他们为有机会解决富有挑战性、亟待解决的问题而跃跃欲试[205]。

5. 较高水平的自我中心取向

创造性个体（包括艺术家和科学家）一般具有较高水平的自我中心取向的特质，即内向、独立甚至"敌对"和"傲慢"。Storr 已经提出，能够独处、远离他人的能力是创造性活动的一个必需的前提条件。只有那些能够自己挤出时间来的人才能有足够的时间来思考和创造[206]。国内的研究也显示了这一结果，张锋等人发现，高创造性的大学生自我中心倾向明显，对周围世界持明显的审视和怀疑态度，倔强和固执[207]。其实，创造性人物的"敌对"和"傲慢"也是他们充分自信的表现，敌对、傲慢和自信之间只有一步之遥。如果，一个人是发自内心地被一项任务吸引，并且想要独处、不愿被人打扰，正如创造性人物经常表现的那样，这时，往往就不注意一些社交性的事物和细节了。

因此，"敌对"和"傲慢"或许是全心工作的结果，而且，此时任何妨碍他们工作的人或物都可能成为他们"蔑视"和"敌对"的对象。

6. 想象力丰富

Mayer 的研究表明，与低创造性的人相比，高创造性的人想象力丰富、思想开放且精力充沛[208]。长期以来，人们一直认为，科学家与艺术家各有一套独特的思维方式，即科学家使用抽象思维，而形象思维则为艺术家所独有。其实并非如此，由于形象思维能展示出立体感强的三维空间，因此不仅艺术家需要形象思维，科学家也需要形象思维。因此如果说科学家和艺术家都具有丰富的想象力就一点也不奇怪了。想象作为形象思维的一种基本方法，不仅能够想象出未曾知觉过的形象，而且还能创造出未曾存在的事物形象。它能提高创新的层次，因为它不受已有事实的局限，也不受逻辑思维的束缚，能帮助人拓宽视野。

2.4　教育和发展

2.4.1　学术人才生成机制：宏观视角

一般的社会构成中，学术群体作为一个特定的人群往往被视为社会中的一个相对独立的人群。所谓相对独立的人群，并非仅仅是从传统社会学关于阶级的社会经济地位及其内涵角度而言的，而主要指涉其角色活动所带有的与其他人群有别的相关特点。学术人群以与知识生产、传播和服务相关的活动为己任，尽管在不同时期、不同场合以不同的方式与外部社会发生时紧时松的联系，但就整体而言，学术人群的活动更多地遵循其内部逻辑，这种内部逻辑既与知识的内在演绎逻辑相关，也与学术人群活动的社会组织形式和构成密切关联。关于这种社会组织形式和构成，我们常见的概念有学科、学科建制、专业、研究领域、大学及其院系组织机构等，它们彼此之间相互关联，并共同构成一个结构化的整体系统，即学术系统。因此，从整体的角度来理解学术系统的结构性特征，不仅有助于我们更深入地理解学术活动的形式和组织特征，更重要的是，有助于我们更好地把握学术人群的行为价值取向、成长环境与机制，并为如何实施有效的学术管理提供富有洞察力的视角。

2.4.1.1 学术系统的结构分化与学术精英的含义

传统上人们往往把学术归为一种少数人所独享的领域，因为它要么属于形而上的抽象概念，要么属于需要十数年专业训练才可以把握的尖端技术。正因为学术职业和学术机构的高门槛，以及与世俗社会的相对独立性，即使到今天，学术圈内的部分人依然有将学术机构作为象牙塔的情结。然而，与世俗隔离的学术传统和体系，在欧洲文艺复兴、宗教改革、启蒙运动之后逐渐边缘化，16世纪以后，学术一度走出专门学术场所（修道院和象牙塔），成为社会中沙龙、咖啡馆、俱乐部协会等小圈子中的人们分享的话题。欧洲社会的近代启蒙和现代化之旅的开启，在很大程度上应归功于当时流散于社会中的众多学术或文化精英，他们多被称为哲学家、宗教改革家、作家、思想宗师、圣哲和科学爱好者等，其地位的获得主要源于他们的作品和思想在公众中流传的广度。然而，这种情形的维持并不长久，到19世纪，科学文化逐渐占据主导地位后，由于学术的专业化，一个职业性的科学家群体渐趋形成，学术精英再次疏远公众，退回到唯有得到同行而不是一般意义上的公众认可的场所之中。这一转变之于现代学术系统的成型有着特殊的历史意义。Rosemary Jann 曾对历史学科的专业化过程作过这样的分析：在英国，历史学过去一直是文人历史学家主宰的领域，讲求表述风格的文学化和内容的道德教育价值，主要目的是满足一般公众的情趣和迎合绅士教育取向 [209]。然而，到19世纪末，历史学越来越强调以"真"为指向的知识探索，专业性的技术、方法和标准开始形成，历史学家的认可不再取决于大众的青睐，而是倾向于专业性的小众认同，尤其是由少数专业权威所控制的学术期刊的接纳。所谓专业性小众，其实就是在传统知识逐渐分门别类后的具体学科、专业甚至研究领域中的同行，他们以专业学者身份供职于特定的机构（大学或研究院所）之中，同时又共同归属于一个类似 Kuhn 所谓的"学术共同体"或者早期 Boyle 首创的"无形学院"之中 [210]。而所谓的专业权威，则是指每个共同体中对"范式"具有宰制权力并对他人具有广泛影响力的学科内部精英。

可以说，进入 20 世纪后，整个人类知识分化、学科发展和成熟、学术分工日益明晰的过程本身，也是一个学术共同体及其分支系统不断形成与发展的过程。在此过程中，尽管外部力量如国家、社会和市场也的确以各自特有的方式持续不断地介入学术领地，但整个学术共同体（学术系统）的主导者主要还是在各个学科领域享有盛誉的少数专业权威，即学术精英。换言之，这个由学术精英所主导的学术系统已经带有明显的分化和等级性的结构特征。

Michael Mulkay 等人在分析这一结构时指出，学术精英的存在意味着 [211]：

第一，在共同体内部成员间关于重要奖赏和设备设施条件的分配上，存在一种明显的不平等现象；

第二，少数有特权成员间相互的社会纽带联系要比其他成员强大得多，而辨识这种特权成员的标准是他们对稀缺资源的控制程度，以及相互间的关系网络；

第三，具有精英资格的人们有能力对他人的活动实施控制和引导；

第四，那些有特权地位的人们在很大程度上左右了未来精英的挑选。

显然，Mulkay 并不认同学术精英和学术系统的内部分层结构的形成是基于知识的自我演绎过程以及知识的真实取向，即客观性维度，而更多地源于不同人所提出的知识主张（而不是发现的知识）在科学共同体内部达成智力性共识的程度。因此，在他看来，所提出的知识主张达成"共识"的程度以及对这一"共识"检验贡献的大小，也就自然决定了不同的人所得到认可和回报的多少，进而形成学术系统内部地位等级分布的差异格局。在此我们对其偏激观点的合理性姑且不议，至少从观察的角度而言，Mulkay 所描述的学术精英和学术系统现象的确是一种客观存在。即便传统主义者如 Robert Merton，也不否认在学术界存在一种科学荣誉分层体系[212, 213]，只不过在他和 Zuckerman 看来，这种少数精英主导的分层格局是源于对科学发现的贡献以及一种"马太效应"的社会选择过程，分层和资源的不平等分配的动力并非掌控共识的话语权力，而是科学天才的优秀品质及其成就[214]。

2.4.1.2　学术精英的辨识与区分

在学术界，日常用语中与学术精英相关的概念很多，譬如高端人才、高水平人才、学术英才、学术领军人物等等。尽管因为具体语境不同，上述概念的内涵相互间存在一定差异，如除"学术领军人物"外，其他概念所指一般不直接涉及精英所特有的权力、地位，更多指向人才的学术能力，然而，学术能力毕竟是一种个体内在潜质，其水平高低总要通过一定的外显形式体现出来。即如果学术界没有一种对人才能力相对性的客观评价标准，所谓"高水平""高端"等就无所凭依，如此也不会得到同行认可，学术系统内部的分层结构也不可能形成。

然而，一旦所谓的"高"被认可，学术人的内在能力潜质就会与学术回报系统（academic reward system）建立起关联，进而转换为权力、资本、声誉和地位等。因为自进入 20 世纪以来，学术活动已经呈现出越来越突出的建制化和体制化特征，认可过程本身就是制度化的，而这种认可又与各种有形或无形的资源分配制度紧密相连。

因此，我们虽然不否认上述概念与学术精英间在特定语境中存在语义上的差异，但通过对学术精英的界定和辨识，学术精英至少可以大致覆盖上述概念的基本内涵。不仅如此，因为学术精英概念本身还附带有典型的社会学分析意味和取向，以之作为一个理论分析工具，更有助于我们对上述概念及其所指学术英才的成长过程进行生动的社会学意义的解读。

Mulkay 认为，学术精英即少数特权者与其他大多数学者间的区分机制就是获得普遍认可，这种认可形式非常广泛，譬如以某人名字命名的理论、假说和定理，诺贝尔奖以及其他各种奖项，科学院院士头衔，资深机构的理事资格、荣誉性学位、期刊编委会成员以及发表的引用率等等 [215]。如曹聪在界定我国的科学精英时就以"两院"院士资格为基本标准 [216]。

单纯以外在标识作为最顶尖精英的辨识工具，虽然有一定的合理性且具有良好的操作性，但它的问题在于：第一，精英的范围过于狭窄，难以涵盖学术精英的群体性特征；第二，因为标准过于刚性，很容易给人造成关于学术系统内部等级结构非连续性的误解，进而影响了对精英形成过程的动态性解释。毕竟标识不过是反映了少数人得到认可的结果，而就其实质而言，通过指标设计了解认可机制运行的过程及认可的依据更为关键。

正是基于这一点，Daniel Amick 引入了一个更为复杂的测定精英的指标体系，他提出了 10 个指标，包括：作为学术期刊主编的期刊数量；作为期刊顾问的期刊数量；发表评论性文章的数量；申请专利的数量；参加专业组织的数量；获得相关奖励和荣誉的数量；一定时段内在专业会议发表论文的数量；参与专业组织活动譬如担任活动组织者、主席、讨论主持人、主题发言人等的次数；受邀参加其他机构发表演讲的次数；在专业期刊发表专业文章的数量；等等 [217]。应该说，较之前者，Amick 的指标体系更为系统化，也隐含了与学术精英认可和地位获得路径相关的更多变量，但它的缺点是过于烦琐，难以突出其中的关键性变量，且没有涉及环境变量，如学术精英所在机构、教育背景等。此外，上述信息的获取也有一定的难度。

学术系统是一个金字塔式的结构，这是毋庸置疑的事实，它注定了仅有少数而不是全部学术从业者都能够成为精英。自 20 世纪 50 年代特别是 20 世纪 60 年代后，因为考虑到学术资源分配的公正性问题，西方科学社会学领域涌现了除上述提及的 Merton 和 Zuckerman 以外众多学者关于学术精英的研究。诸如 Jonathan R. Cole and Stephen Cole、Talcott Parsons、Diana Crane-Herve、Jerry Gaston、Theodore Caplow、Reece McGee、Lowell Hargens、Warren Hagstrom、Derek John de Solla Price、John Scott Long 等人，主要围绕英美学术系统结构、学术认可机制和精英选拔过程等方面，进行了大量的实证研究。所有这些研究都认可了一个共同的事实或现实，那就是学术系统内部存在一个不平等的等级结构，这种不平等与学术人的知名度、声誉和受关注程度密切相关。而对于影响知名度、声誉或受关注程度的主要变量，上述人员的研究更多地采取化繁为简的方式，回归 Merton 所谓的业绩或成就（merit）角度，以业绩差异及其影响变量来审视学术系统内部结构的不平等，其中反映业绩的最为关键的指标还是学术发表成果的量与质，即发表数量与引用率。

关于成就在学术系统内部分化格局中的影响，W. Dennis 的研究发现，在有关学科中，10% 的（精英）科学家贡献了大约 50% 的发表作品，而最底层的 50% 的科学家贡献不足 15%。具体如心理学学科，一个高产的作者贡献了相当于处于底层的 80 位同行的产出 [218]。Price 的研究发现，在科学共同体（学术系统）中，大部分学者发表的作品很少，而少数杰出的学者贡献巨大。通过对美国物理和化学领域的科学家进行研究，他发现超过 50% 的科学家在有一定影响的刊物上终身仅发表 1 篇论文或其他零碎性的论文，10% 的科学家大概发表了论文总数的 30%，大约仅 3% 为高产的主要贡献者。而在发表的论文中，通过引用情况分析发现，大量的文献几乎没有人阅读，50% 的论文被漠视，仅有少数发表的成果受到关注 [219]。A. J. Lotka 和 Price 曾经试图把这种分化特征和规律以定量化的方式呈现出来，结果发现，学术系统内部分化基本遵循 C/n^2 的规律。C 代表常数（一般代表发表 1 篇及以上论文的科学家规模），n 为发表论文数。试举一例说明，因为学科之间存在差异，C 是特定学科的一个常数，如果某学科有 10000 人发表了 1 篇论文，则发表 2 篇的为 2500 人，3 篇的为 1111 人，10 篇的为 100 人，而发表 100 篇的仅为 1 人。这一规律又被称为"Lotka-Price定律"[220]。

在此，先不管"Lotka-Price 定律"的数学表达式的科学性和准确性的问题，关键在于它量化的概念是否大致反映了学术系统内部分层的规律，即业绩或者说研究成果的发表情况是影响学术人知名度及其在学术系统中的地位的重要变量。如果这一推断成立，那么紧随其后的另外一个问题是，又是什么影响了学术系统内部成员间的业绩差异？

毫无疑问，所有学术精英都不是横空出世的，他们其实都经历了一个从学术职业入门者到引人关注，再到获得广泛声誉的过程。然而，在这一过程中，业绩差异究竟是如何发生的？其分化过程存在一种什么样的机制？如果我们能够真正洞悉这一机制运行过程的种种奥秘，相信不仅有助于我们深入理解人才成长的规律，而且将会为我们的学术政策制定和管理制度建构提供很多有益的启示。

2.4.1.3 学术系统分化与学术精英认可机制

如果说是业绩（成就）差异导致了学术系统的分化，那么究竟如何认定业绩？"Lotka-Price 定律"显然关注的主要是学术产出的数量。该定律成立的前提是：存在相对独立的学术共同体（内部控制，较少受非学术因素干扰），有成熟的同行评议期刊系统，学术成果发表数量不构成学术评价最为关键的要素（更倾向于同行评议制度和学术系统内部成员的认同），且不直接与经济利益挂钩。

关于学术成果发表数量、质量以及认可之间的关系上，英美早期比较有代表性的是 J. Cole、S. Cole 和 Gaston 的研究 [221, 222]。J. Cole、S. Cole 对发表数量与引用率之间关系的实证研究发现，具体到个人，其产出数量与质量高度相关，相关系数达 0.72。Gaston 的研究也发现，产出数量与认可间的相关系数为 0.69，除此之外，职业从业年限对认可也有很大影响，两者的相关系数为 0.53。正是基于这种相关，也是为了便于可操作性的定量分析，很多研究往往把产出（包括发表数量、引用数量）作为分析认可过程中的重要参数，也以之作为分析认可过程各种变量影响程度的主要因变量。

概括来讲，以学术产出作为关键性认可变量的研究得出的基本结论是：学术认可过程存在两种机制，一种是 Merton 和 Cole 等人的普遍主义认可取向，将学术产出所带来的地位高低主要归因于学者个人内部特征的差异，如个性、天赋、创造性、努力程度等等；另外一种则是带有社会建构论的特殊主义认可取向，将这种地位的高低主要归因于本科及研究生教育背景（毕业机构的声誉或地位）、工作机构声誉与环境、职业流动、学科特点、导师关系等等众多复杂的外在支持条件和因素。当然，还有更多的人如 Hagstrom 认为，上述两种机制都发生作用。因为个人内部特征差异为隐性因素，从社会学角度进行实证研究着实不易，因而大多数的研究更关注后者，通过对外在可观察、可测量的因素进行研究，不仅可以证实或证伪特殊主义因子与认可之间的关联，而且可以反推出普遍主义因子在其中所产生的作用及其作用的程度。

学术系统首先是一个以机构或组织差异而等级分化的系统。从著名的研究型大学到一般水平的高校，组织的学术声誉和地位逐级下降，学术产出、学术精英的分布也遵循同样的规律。因此，学者所受教育和工作组织的背景，自然成为几乎所有研究者最为关注的因素。如 Max Weber 就认为，科学家的成就并不必然带来高地位，高低位在很大程度上来自其所在机构的影响（如博士毕业或工作机构的声誉）。Crane 虽然没有完全否定普遍主义的预设，但认为相对于产出，博士毕业机构的声誉对个人地位获得影响更大，并且她进一步认定，由于博士毕业机构声誉对产出具有积极影响，而产出又进一步有助于地位获得，如此形成了一种良性互动效应。Hagstrom 也基本认同 Crane 的观点，不过，他认为产出和毕业机构声誉有近乎相同的影响，但在科学家职业生涯的不同时期影响程度有所不同，对年轻学者而言，毕业机构声誉影响显著，随后学术产出影响作用明显。

Long 在上述研究基础上，以部分生物学家为样本进一步研究发现：相对于求职前学术产出的影响，博士生教育以及博士后研究背景（毕业或工作机构的声誉）、研究生导师的地位对年轻学者到有声誉机构求职影响更大，尤其是在前 5 年内；在学者的职业成长过程中，随着时间的推进，学术产出与地位间的相关效应越来越明显，不过，学者所在机构声誉对其学术产出的引用率有更强的积极影响，但对产出数量影响不大[223]。

Long 还研究发现，在年轻学者到有声誉机构求职的过程中，其研究生导师的影响最为显著，尤其是在前 3 年内，而在其后的大约 3 年中，毕业机构声誉的影响开始日益显著。Barbara F. Reskin 通过对化学家的研究也证实了导师关系、毕业机构声誉对学者地位获得的影响，不过对于这种影响究竟是特殊主义还是普遍主义认可机制的结果，她认为很难作出合理的解释。如果认为是普遍主义认可机制发生作用，Cole 等人曾对机构声誉与博士生 IQ 分数进行相关分析，结果发现相关系数为 0.30。此外，即便控制 IQ 分数后，机构声誉依旧有显著影响。但如果认为是特殊主义或赞助性流动机制的结果，问题在于我们可能忽略了不同声誉机构培养过程的差异，有声誉机构有高水平的导师和教育，良好的研究设备条件，以及其他高水平教师或学生的积极影响，而且人们也的确不能漠视这样一个现实：相对而言，天才学生往往更多地毕业于高层次、高地位的机构。

总之，虽然绝大部分的研究都认为，毕业或工作机构声誉对学者认可或学术精英的成长有显著影响，甚至如 Hagstrom 和 Harkins 通过研究所指出的，学者最初求职机构的声誉可以作为 20 多年后其个人声誉的一个预测性指标。但是，因为在这一学术成长过程中有太多的个体或环境变量且相互间又存在交叉影响，人们很难断言这种关系反映的就是特殊主义选择机制的结果。当然认为是普遍主义认可规则发挥主导作用也未必能够完全站得住脚，学术界本来就通行"优先发现权"以及连带的"赢者通吃"（winner-take-all）逻辑，由此带来的资源分配和学术回报上的"马太效应"或"优势累积效应"很难说完全是Merton 所谓的个人天赋与成就自然带来的结果，至少外在制度和环境变量在其中也有着重要的影响。

　　即使到今天，也没有任何研究能够断言两种机制的解释究竟哪一种更为合理，更何况，还有许多研究因为选择样本（如学科、样本大小等）不同，其结论也未必与上述结果相同。譬如关于学科差异，Veblen T. 就认为，越是存在高度一致性、可编码化（如数量化）的学科如自然科学，学者的认可或地位获得越是取决于客观性的研究成就，倾向于普遍主义取向。但在低一致性的人文和社会科学领域则不同，"学者相对而言难以依靠他们的努力来决定自己的命运"，如韦伯对此发出的感慨："就某种意义而言，机会并不能单独主导一切，但是它却能以一种令人难以置信的程度发挥主导作用。在任何其他职业领域（注：非人文和社会科学领域），都无法想象机会竟能扮演这样的一个角色。"此外，在不同研究部门、领域和取向，譬如是作为学术机构的学者还是工业部门的研究者，从事的是基础研究还是应用研究，是理论研究还是实验研究，学术认可规则也存在相应差异。大多数的研究证实，在学术机构从事基础性的理论研究，更容易为学术共同体所认可并跻身学术精英之列。

　　因此，在特殊主义与普遍主义取向之间，或许不存在唯一合理的解释，兼容两者很可能是最无风险的选项，但是没有风险的代价是牺牲了理论的精致性和解释力。事实也是如此，上述所有的研究都为自己的结论预留了解释空间，都没有否认两种机制均存在作用，如 Crane 在强调机构声誉影响的重要性的同时，也认为高层次大学里学生的天赋、参与研究的机会、鼓励研究的政策和制度等都在发挥作用。

2.4.1.4 资质与资源：学术精英生成的必备项

如果说学术精英的筛选过程既不能完全以特殊主义取向来解释，也不完全符合普遍主义的特征，而是二者兼而有之，那么这就意味着，现实中的学术精英生成很可能是 Ralph Turner 所谓赞助性流动（sponsored mobility）和竞争性流动（contested mobility）双重机制作用的结果[224]。Harkins 与 Hagstrom 认为，如果学术系统具有竞争性流动特征，那么精英地位是通过其学术业绩表现，以"公平竞赛"的方式获得的，这种地位确立的标准为整个学术共同体所认同；相反，如果筛选过程由当下精英控制，并依据他们对未来精英的业绩取向和"内在能力"的判断操作，则带有赞助性流动的特征，确立精英地位的标准显然掌控在少数精英手中。

正是基于上述两种机制的理想理论模型，Harkins 等人通过对部分美国自然科学家的实证研究发现，科学家博士毕业机构声誉（赞助性因子）与产出（业绩，竞争性因子）几乎有同等的重要性。但是相比较而言，在有声誉机构工作，其学术出身更有利于地位获得，业绩反而影响不显著；而在低声誉机构工作，业绩更有助于其地位提升。这一研究结论应该说尽管并不理想，但至少说明试图断言学术精英的选择过程完全为人为操作或者完全是自然选择的结果，都存在很大的偏颇。换言之，一个合理且合乎常识的判断是，精英的生成是两种机制共同作用的结果。

不过，在此的问题是：这两种机制又是如何交互或交替发生作用的？所谓业绩取向，正如上述大多数研究，其所指无非就是可客观化、可计量的产出，包括数量和体现质量的引用频次等等。而内隐的内在能力取向，因为缺乏直观性，就往往以主观判断或者干脆以学术背景和出身（如名校、名师等）为依据。然而，问题是即使在学术期刊评审制度相对成熟的美国，权威性的自然科学论文也多来自有声誉的机构和学者，机构的声誉和个人的能力存在一定相关性，很多时候难以

125

区分到底是哪种机制发挥了主要作用。

　　Elisabeth Clemens 等人对美国社会学学科学术出版系统的研究进一步表明，在社会学领域，大多数论文来自毕业于公私立精英大学的学者，约占六成；相对而言，因为社会科学专著比论文有更大的影响力，近七成的专著来自毕业于精英机构的作者 [225]。由此不难得出结论，业绩与以学术出身为代表的内隐能力之间存在一定的关联。它固然不能说明学术出身好，就一定代表高的学术潜力，并且有高水平的业绩表现，但至少说明，作为内隐能力的表现特征之一，学术出身背景与业绩之间存在高度相关性。

　　这种相关性其实也再次表明，学术地位的获得实际上应该是学者个人资质（天赋、兴趣、努力程度等）与社会资源（学术出身、组织环境、导师关系等）双重互动作用的结果。正如 Hans Eysenck 等在概括已有关于创造力的研究基础上提出的，创造性成就的获得主要取决于三个要素：第一，认知能力，例如智力、获取知识的能力、技艺和特殊天赋等；第二，环境变量，包括政治的、宗教的、文化的、社会经济地位的、教育的因素等；第三，个人品格，如内部动机、不墨守成规和原创性等。将其引申到学术精英成长机制的问题上，其实这三个维度的变量完全可以归为学术成就或学术地位获得所依赖的两个必备项：内在资质与外在资本。资质包含了认知与个人品格两个方面的因子，资本则主要来自环境变量 [226]。

　　究竟是什么构成学术精英的资质？ 上文我们曾提到，早期 Cole 等人的研究表明，智商与博士生学习机构声誉（权且代表成就）的相关系数为 0.30，应该说智商有一定的影响，但未必是关键性变量。因为学术成就毕竟在很大程度上取决于一个人的创造力，而早期美国有关学者创造力与智商间关系的研究表明，两者之间其实未必高度相关，高智商对于学者仅有初始优势，如果这种初始优势没有其他支持条件，如个性和环境等，几乎就没有任何意义。甚至有研究认为，通过 IQ 标准化测试产生的高智商者，往往与高创造力测定中的指标优异者存在明显差异，高智商者具有常规优势，而高创造力者恰恰具备的是打破常规和习惯的思维特征。

换言之，与创造力有关的个性特质有可能更为关键。早在 20 世纪 50 年代，美国心理学家 Raymond Bernard Cattell 对 144 名被视为精英（leading）的物理学家、化学家和心理学家的研究就表明，该群体与一般人的主要差异在于：更聪明、更有控制欲望、更内向、更具有精神分裂性气质、情绪上更敏感、更激进；与那些具备同样智商水平，且工作出色的大学行政管理者或教学人员相比，他们更具有精神分裂性气质、更缺乏情绪的稳定性、更激进、外向性指标值更低。在文学、装饰艺术领域的杰出者也带有与其类似的特征。这说明，关于精英的精神心理特质尤为值得关注。Barron 通过对有创造力的数学家、作家、建筑师与同领域其他人进行比较研究后甚至认为，该群体带有更为明显的心理病态（psychopathology）特征[227]。

对于这种精英所具有的特殊精神人格特征（在现实日常生活中，很可能与人们所偏好的老成、持重、圆滑、通融、有良好人际交往能力的社会化人格格格不入），Rushton 通过更为细致的定量研究发现，这种精神质倾向（psychoticism）与大学教授的业绩存在相关性。他发现，精神质指标与大学教授的发表、引用次数间的相关系数达到 0.26，与大学教授以研究为愉悦的心理偏好间的相关系数达到 0.43。而以研究为乐事几乎被所有的研究者认同为学术精英生成的一种内在特质[228]。

Fiona Woo 在对大学教师高产出者的研究中发现，该群体的一个重要个性特征是有着强烈的智力性的好奇心，喜爱研究并能够承受额外的工作压力。而事实上，能够承受额外的工作压力的重要心理驱动，正是来自智力性的好奇，以及以研究为乐的心理特质[229]。这种特质在研究过程中所产生的效应，Cole 兄弟等人称之为"神圣的火花"（sacred spark），甚至认为正是以研究为乐或以研究为天职所带来的"神圣的火花"效应，刺激了学者的研究热情和抗挫折的能力，进而带来学术产出的丰收。

Robert Rodgers 等通过建立"神圣的火花"的可操作定义（量表涉及研究关注度、研究偏爱、研究中的精神状态、发表被拒绝的反应等题项），以部分公共管理研究领域的助理教授为研究对象，对"神圣的火花"与学术成果发表数量和引用频数间的关系进行了实证研究。研究发现，在众多影响变量中"神圣的火花"效应的影响最为突出，相关系数高达 0.82（见图 1）[230]。当然，因为存在学科差异，这种结论可能还有待进一步通过扩大样本来加以证实，但无论如何，它至少说明了某些个性品质，特别是有别于常人的精神气质、以研究为乐的心理取向，构成学术精英生成过程中的一个关键性内隐变量。

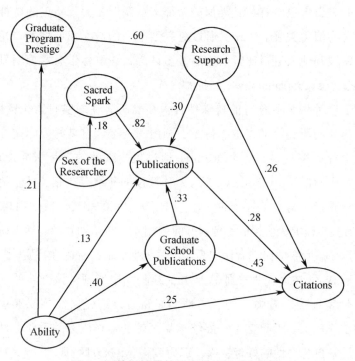

图 1　调整后的最佳拟合模型的路径系数

上述资质事实上仅仅是在统计意义上（而非确定性地）构成了学术精英生成过程中显著性的内隐变量，但是，这种内隐品质（个性、能力或意志力等）的实现显然还需要外在条件的支持。这种外在支持条件其实就是对学术人成长具有赞助性功能的社会资本，也就是艾森克所谓的环境变量。与学术精英生成相关的社会资源涵盖很多方面，譬如个人家庭早期社会经济地位、家庭文化情趣、父母文化身份等等。在此，我们并不打算对这些复杂的个人的历史性和社会性变量予以考察，而仅仅试图对学者进入学术领域（以进入博士研究生阶段的学习为起点）后的部分关键性社会资源（组织变量）与学术地位获得之间的关联进行大致的梳理和分析。

2.4.1.5 资质与资源互动及其放大效应：精英形成的组织环境

迄今为止，大多数赞同将学术出身、所在机构声誉等对学术地位的积极影响视为赞助性流动机制的观点，均非常强调身份或者符号在精英成长过程中的价值。Val Burris 通过引用韦伯和布尔迪厄关于声誉、社会资本的理论分析框架，把不同声誉机构（大学）间的联合与社会网络关系称为社会资本。他以社会学的学科圈子为研究对象，发现在有声誉的大学之间存在一种教师聘任中的交流关系[231]。

这种关系又构成一种具有资本价值的社会网。他认为这种社会网资源的相对集中可以解释 80% 的机构声誉差异，且认为声誉差异与学术产出无关，因此，高声誉（精英）大学群对精英生产过程的控制并不是依据业绩标准即学术产出，而是通过它们对学术品位和风格的掌控来实现的，并进而实现精英机构与精英学者的再生产。为此，他把这种相对封闭的精英机构间形成的圈子称为封闭的学术世袭等级系统（academic caste system）（类似于依据种姓、血统等建立起来的等级制度）。

Burris 的观点虽然有些偏激，但不可否认他的确揭示了学术系统内部精英机构在精英生产过程中担任的主导性角色和具备的功能特征。然而，如果我们细加分析，就能发现诸如学术精英机构之间存在相互交流关系，以及精英机构中教师近亲比例（在美国大多为毕业离校工作一段时间的回归者）明显高于一般机构的事实。这是否就完全意味着精英的生产过程主要依赖于精英机构的人为控制，即以出身和身份论英雄呢？恐怕未必。因为在个人学术地位获得中的社会资源，如身份资源，不仅仅是符号性和象征性的，符号与象征背后特定的环境、物质、人力，甚至不排除人脉等资源，才有可能是资源价值兑现的重要条件。

不妨转换一下说法，在等级分化的学术系统中，只要存在资源分配的竞争性，无论在何种体制环境中，掌握丰厚社会资源的精英机构都具备竞争过程中得天独厚的优势，由机构的分层再到学术地位获得机会的不均也就顺理成章。因此可以说，机构分层与学术精英再生产过程存在着必然的对应关系。这种对应关系形成的机理，除了与部分真正意义上的赞助性人为因素，如精英机构对学术品位和学术取向的偏好、学术系统内部甚至扩及外部的广泛的人脉关系相关以外，最关键的影响变量是组织内部环境特征，尤其是精英机构内部存在的一种机制。这种机制基于对学术人的内隐资质加以筛选（先赋性因素），再给予其能力释放和发挥以制度和环境支持（赞助性因素）的加速催化效应。

正如现实中所存在的情形，无论是精英机构的招生还是选聘过程，都带有高选择性和高竞争性特点。对于这种选拔的结果，或许没有证据表明精英机构的学生与学者较一般机构的更有天赋，但至少众多的实证研究表明，有声誉的机构会给予其成员的认知能力、个性发展以及创造力的发挥相对优裕的条件和相对充分的空间。譬如精英机构鼓励研究的政策取向，相对更少的教学时间，更充裕的研究资金和设备条件，更开放的研究信息环境，更多且更有研究潜质的研究生或研究助手，更多高水平同行间的交流合作、竞争氛围以及高成就欲望和士气，等等。除此之外，相对于一般机构，精英机构内部还存在一种体现学术自主，对学者个性（甚至怪癖）相对包容、宽容和宽松的社团文化氛围，便于学者能够多多少少地免于外部不良因素的干预，有利于形成求新猎奇的心理偏好。此外，在晋升政策上，对于已经通过考察期的成员（在美国一般是助理教授层次），精英机构往往能够提供更多的终身职位，从而给予学者相对稳定的工作和生活保障，如此等等。可以说，这些综合性的环境变量，才是身处精英机构的学者将其潜质放大并兑现社会资源、获得高地位的关键。

2.4.1.6　有公信力的学术精英生成的内外条件支持

衡量一个国家整体的学术与科技水平，其实最为核心的指标并不在于高等教育规模的大小，也不在于学术论文发表数量的多少，关键在于是否拥有一大批在国际学术前沿领域和高新技术领域的杰出人才（取得突破性的成就），这也正是"钱学森之问"的主要焦虑。而是否真正拥有大批的杰出人才，可以通过我们现有的学术精英群体的品质体现出来，反过来，也就是说，对学术精英品质、生成过程和机制的分析，有助于我们在深层次上认识杰出人才成长过程中的各种问题和障碍，并完善学术系统内部结构。对以上主要是英美国家关于学术精英生成的研究结论以及相关的理论解释加以概括，可以得出如下基本结论：

第一，学术系统内部存在一个分化的等级分布的格局，这种分布格局与不同学术组织的地位不平等高度相关，而组织间的地位差异又是影响学者个体在学术系统中地位获得的重要原因。

第二，组织地位差异在根本上体现了学术发展的支持条件差异，它作为赞助性条件对部分具有良好学术潜质成员的成长具有放大的效应。

第三，就总体趋势而言，学术精英地位的认可带有业绩取向，但是同时不同学者之间存在赞助性条件（包括出身、身份等象征性资源）的差异，会影响到同等业绩条件下的认可度。换言之，普遍主义的学术认可机制以及地位的竞争性流动功能更倾向于结果本身，特殊主义的认可机制和赞助性流动功能主要体现于精英成长过程之中。

第四，赞助性条件只有在控制个性品质差异的前提下，才有更大的解释力，也就是说，如果个体缺乏良好的学术潜质或内隐品质，赞助性流动功能的作用是有限的。

2.4.2　科研人员的培养：微观视角

2.4.2.1　普通科研人员的绩效评价

上一节主要围绕着学术精英阐述，对普通的科研人员而言，其科研绩效也是需要评价的。相较于学术精英的稀缺性，通过了解普通科研人员的绩效及其影响因素，也能反映科研人员培养的一般规律。

评价科研绩效的方法主要分为定量方法、定性方法和综合方法。

关于定量方法，其中最普遍的方法是统计学术产出的数量，如学术期刊上发表的文章数量，或者多重指标，包括会议论文、学术文章、专著的数量。Braxton 和 Bayer 对上述方法进行了批判，认为这考虑了数量，忽视了学术产出的质量因素[232]。Theoharakis 和 Hirst 提出期刊的质量反映了发表在其上面的学术文章质量，认为高质量期刊上的文章具有高的学术质量[233]。因此，为了改进科研绩效的测量方法，一些学者运用文章引用量来衡量学术文章的质量。Garfield 提出了学术文章质量可以通过被科学引文索引（SCI）收录及引证的情况来反映，SCI 是由美国科学信息研究所创办的引文数据库[234]。近来一些学者提出改进的测量科研绩效的方法是考虑文章的页数。

关于定性方法，目前运用最广泛的方法是同行专家评议，如国家自然科学基金评议等。同行专家评议，主要采取某种指标分数的同行专家评议，利用专家打分，然后经过一系列统计学处理、检验后确定具体的值。专家评议可以将一些抽象的、难以用统一标准表示的概念数字化，使评价内容能够较直观地表现出来，而在一定程度上保证结果的权威性和科学性。Meho 和 Sonnenwald 认为同行评议的可靠性受到评价者的知识的偏见影响，并决定于回答者在相关领域的知识[235]。

关于综合方法，Theoharakis 和 Hirst 认为应该综合考虑用学术文章的数量和质量来衡量科研绩效[233]。Carter认为单独用定量或定性方法都不是最好的选择，而应该用综合方法来测量科研绩效。

2.4.2.2 科研绩效影响因素：培养中的因素

我们以博士生作为普通科研人员的代表，来考察博士生培养质量的影响因素。概括起来不外乎三种因素：导师的因素、学生自身的因素和学校的因素。

第一，个体因素。早期学者主要研究一些较易识别的指标，如性别、年龄、教育背景等。随后一些学者开始关注有价值但是难以测量的指标，如Long等研究了学术出身、学术关系与博士生科研绩效的关系。Blackburn和Lawrence证实了个体科研动机对提高科研绩效有显著影响。

第二，导师因素。一些学者对博士生与导师的关系进行了研究，认为指导双方不仅仅是教与学的关系，更是一种合作关系。Yoakum研究了导师的学术地位和终身职位与博士生科研绩效的关系。Buchheit等引入了教学负担、科研经费和任职时间作为影响科研绩效的因素，并提出导师合理的时间分配将促进博士生科研绩效的提高。Chen等实证检验发现导师指导量与学生的创造力水平正相关，也有学者发现来自导师的支持和鼓励与学生的创造力水平正相关。

第三，培养方案。Galassi等通过调查培养机制对科研绩效的影响，得出课程类型和发表文章的制度要求对科研绩效有着重要的影响。胡蓉等认为课程的设置和学习主要涉及课程量和课程前沿性，对研究生培养质量有重要影响。Cheng通过实验法发现面向问题的课堂教学方法比传统的教学方法更有利于提高学生的创造力。

实际的数据真实反映了导师的重要作用。导师的学术经验、学术地位和指导量对博士生科研绩效有显著影响。较高学术地位和较多学术经验的导师，其科研能力较强，因此可以将其多年总结出的实用科研理论和科研成果传授给博士生，并给予其博士生较多校内外学术交流的机会，进而在潜移默化中影响博士生科研绩效，并有利于博士生更好地将掌握的理论知识运用于科学研究中。如果导师给予的指导越多，博士生所得到科研上的帮助越多，同时导师给予越多的指导量，可以反映出导师对学生的关注和关心，这会激励博士生更加努力地进行科学研究，从而培养出更多顶尖博士生。

2.4.2.3　导师作用和影响的途径

从创造力动机的角度，可以对导师指导的影响途径进行分析。

创新的动机分为内部动机和外部动机。内部—外部动机理论认为内部动机和外部动机并非对立的关系，两种动机对个体行为存在相互影响。Deci 和 Ryan 指出个体行为源于自发的或者来自外界的要求 [236]。Unsworth 将个体创新的动机分为内部驱动和外部驱动两类，即内部动机和外部动机 [237]。内部动机是指来源于任务本身的乐趣或者自我满足所产生的动机，外部动机则是指由任务的成功或失败带来的奖励惩罚所激发的动机。Ryan 和 Deci 指出在教育过程中，学习不总是有趣并且激发学生的内在满足感的，教育不能仅仅依赖学生的内部动机，外部动机同样是教育者应该重点考虑的问题 [238]。Amabile 以创造性过程模型为基础，提出"动机—工作循环匹配"理论模型。创造性过程模型提出创造性思考包含任务陈述、准备、产生创意、验证创意和结果评估五个阶段 [239]。Amabile 指出在任务陈述和准备阶段需要个体对问题具备较强的兴趣和灵活的认知方式，内部动机将发挥积极作用，而在验证创意和结果评估阶段则需要大量细节性的工作，此时外部的刺激（例如清晰的截止时间、外部奖励认可）有助于个体投入工作，所以高内部动机和高外部动机共同激发个体创造力。

已有研究表明支持型领导者通过激发个体的内部动机提升个体创造力，而导师的监督控制则通过外部控制保障学生在科研活动中投入精力。因此，导师的支持与控制也并非对立的关系，两者之间存在相互影响与相互作用。借鉴 Oldham 和 Cummings 提出的支持型和控制型领导风格的概念，导师指导也可类比分为高支持高控制（两种指导风格同时较强）、高支持低控制（支持型指导风格较强），高控制低支持（控制型指导风格较强）、低支持低控制（两种指导风格同时较弱）四种指导模式[240]。

在创造力研究中，支持型和控制型领导风格是领导行为分析的两个侧重点。Oldman 和 Cummings 在 Deci 和 Ryan 的基础上，提出两种管理者行为：支持型和控制型[236]。支持型管理者关心个体的感受与需求，鼓励个体说出自己的想法，并提供积极有效的信息反馈；控制型管理者则采用命令式的管理方式，强调个体遵循固定的行为。在研究生教育背景下，导师的支持型指导风格体现为导师关心学生的感受与需求，鼓励学生探索自己的科研想法，导师主要提供必要的信息反馈。控制型指导风格表现为导师对研究生的学习进行监督控制，给学生布置科研任务，并定期检查。支持型的领导积极影响个体创造力、个体绩效、动机导向等。同时，支持型领导有效抑制个体的负面情绪和行为，如心理倦怠。已有研究表明，在教育研究中支持型领导对学生发挥着积极的影响，例如 Guay 和 Vallerand 研究指出教师的自主性支持积极影响学生的学术成就[241]。刘云枫等通过实证研究发现导师对研究生想法和工作的支持正向影响学生的创造力[242]。

控制型领导者在教育背景下对个体具有积极影响。虽有学者认为控制型领导的影响是负面的，但也有研究认为当领导者的创新动机比较强时，领导的监督管理对创新有积极的影响。在研究生教育中，由于导师自身肩负着科研创新任务，导师的控制型指导方式积极影响学生创造力的培养。有学者指出，在教育背景下导师对学生的适度监督控制有益于学生创新，而一味地让学生独立开展科研，可能会出现学生任务角色定义不清和知识积累不足的缺陷。

同时，在研究生教育中，学者们提出导师应该综合多种指导方式。例如，潘际銮指出导师指导方式应采用"大撒手"和"把着手教"相结合的方法的方法[243]，姜小鹰等指出导师应采取导师指导与研究生独立钻研相结合[244]，Wood 和 Vilkinas 从理论上指出导师应该同时兼具多种任务角色[245]。已有研究也发现多种指导风格有互补效应。Hyungshim Jang 等以高中生为研究样本，发现导师的自主性支持和任务型管理方式不是对立的，而是相互补充的关系[246]。

从内部动机的角度来看，当导师的指导风格为支持型时，学生的内部动机得到激发，创造力得到提升。首先，支持型的导师鼓励学生说出自己的想法，关心个体的感受与需求。Shin 等指出当领导者鼓励和关心个体时，个体将注意力集中于创新过程本身，进而会大胆地尝试新的想法，将创新看成是自身增长能力的途径，这一感觉有助于激发个体的内部动机。另一方面，支持型的领导向个体提供积极有效的信息反馈，信息性反馈将有助于增强个体的内部动机。而当个体的内部动机较强时，其将保持强烈的好奇心和学习导向，认识事物较为灵活，更愿意承担风险，在困难和挑战面前选择坚持，这些将增加个体产生创造性想法的机会。

从外部动机的角度，作为外部刺激的控制型指导风格对研究生创造力将起到积极的作用。虽然有研究通过实验法发现外部动机抑制个体的创造力，但有研究认为实验法的研究结论是否适用于教育领域受到质疑。在研究生教育中，学生仍处在学习和探索知识的阶段，外部动机将有助于学生的创新。外界的监督控制将有助于个体将注意力集中于创新活动。

吴价宝认为大部分研究生都有较大的潜力，但也存在一定的惰性，导师对研究生的学习进行监督控制，使得学生必须努力刻苦学习，有助于打下宽厚的研究基础[247]。

导师的支持型指导风格激发个体内部动机，控制型指导风格则积极影响学生科研活动的外部动机。当导师的支持型和控制型指导行为水平都高时，个体的内部动机和外部动机都将得到激发，依据 Amabile 提出的"动机—工作循环匹配"理论，此时个体创造力水平将最高。相对应地，在低支持低控制指导模式下，导师指导行为对学生的内部动机和外部动机的影响均处于较低水平，学生的创造力将最低[239]。

对上述导师的四种指导模式（高支持、高控制；高支持、低控制；高控制、低支持；低支持、低控制）进行组合分析，发现对研究生创造力的影响如下：

高支持高控制的导师指导模式下，研究生的创造力最高；

低支持低控制模式下的研究生创造力显著低于高支持高控制和高支持低控制下的研究生创造力，但与低支持高控制指导模式下的研究生创造力没有显著差别。这可能是由于强内部动机是外部动机发挥积极作用的基础，所以当学生内部动机较弱时，外部动机对创造力的积极影响将受到抑制，进而导致低支持低控制和低支持高控制指导模式下的学生创造力没有显著差别。

2.4.3 科研工作者的年龄与产出：科研生涯的毕生发展

关于年龄与科研能力的关系，有很多研究和各有立场的结论，可以说是众说纷纭。

用227位科研人员为样本，尚智丛把36—40岁定位为研究能力的高峰。而另外一些学者则发现，论文产出的高峰年龄段为49—58岁。在研究管理科学合著论文的现象时，研究者们发现61岁以上年龄段的学者也是科研中相当活跃的一支力量。也许这些研究都从一个侧面反映了特定时期科研人员大学教师的年龄与他们科研能力之间的关系（这些特殊性包括科研人才断层、名牌大学教职刚开始要求博士学位等等）[248]。

然而，这些研究者通常都使用较小的样本，或者只是从一种或几种杂志上搜集他们所需的资料，因而其研究结果是否具有广泛和长久的代表性显然是值得商榷的。与中国高等教育不同，美国有最成熟的教授和科研队伍，长期的大众化教育使博士学位成为四年制大学全职教授的基本条件。因而，对美国全国教授进行研究来分析年龄对科研能力的影响，其结论具有更广泛、更长远的代表性。

值得一提的是，中国大学，特别是名牌大学，教职逐步要求博士学位的趋势不可逆转，将美国成熟的教授队伍作为研究年龄与科研能力关系的对象更符合科学的发展观，更能科学地审视中国现在和将来的科研与教育政策。

显然，年龄与科研能力还会受到许多其他因素的影响。其中，性别就是年龄与科研能力之间的一个重要的中间变量。有研究者指出，男教授发表的成果几乎是女教授的两倍。

然而，在社会科学和艺术领域中，性别的差距则倾向于缩小。其原因是，在这些领域中女教授的比例远高于她们在科学、工程与技术领域中的比例。专业领域也是年龄与科研能力关系中另一个十分重要的制约因素。研究者们发现，以专业领域作为自变量预测期刊文章发表的数量，其影响力在统计上是非常显著的。如果把四年制大学全职教授按专业领域划分，在自然科学和工程领域中工作的教授一般会比在教育、艺术领域中工作的教授发表更多的文章。

在总结一百年诺贝尔奖获得者发表获奖科研成果的平均年龄与他们的专业领域时，徐飞等计算出理科获得者发表获奖成果的平均年龄要大大小于文科获得者，如诺贝尔物理学奖平均获得年龄为 52.7 岁，而诺贝尔文学奖平均获得年龄为 63.8 岁 [249]。

人们同时也发现，机构声望在高等教育中是一项预测教授科研能力的良好指标。因为在有良好声望的大学工作，教授们发表的文章会比他们到此机构之前发表的文章明显增多。有趣的是，教授们从声望好的大学调到一般大学之后，科研成果又会回到平平的状态。由此可见，科研环境、资源、同人的支持及挑战，以及与其他学者的沟通都与教授的科研能力相关。为探讨美国高等教育发达背后的动力，有人从人口统计特征、专业领域、个人成就与机构声望四个维度对外国出生和本国出生的教授的科研能力进行比较研究。他们发现，不管从哪个维度来衡量，外国出生的教授发表的文章数量都多于本国出生的教授，因而断定，外国出生的教授具备更强的科研能力。

学术界对年龄与科研能力关系的结论尚存分歧和疑虑。更何况，这些关于年龄与科研能力关系的研究通常都没有把性别、专业、出生地整合进来。显而易见，年龄与科研能力关系这个命题是与人生过程密切相关的，然而，人生过程理论通常都在这些研究者们的视野之外。

这里引用一项实际的大样本研究（证据来自美国四年一度的全国高等院校教授研究），来看年龄和产出的实际关系（林曾，2009）[250]。这里以发表同行评审期刊文章的数量来作为衡量教授们科研能力的尺度。

这项研究基于本文采用人生过程理论（life course theory）来探索美国教授的年龄与科研能力之间的关系。Elder曾将人生过程定义为"通过制度与社会结构来测定的年龄 [251, 253]。人生的过程就是在各种限制和支撑个人行为的关系中走过的。换句话说，每个人的人生过程以及每一个人发展的轨迹都是与其他人的生活与发展密切相关的"。因而我们有理由说，人生过程理论就是要研究打上时间和地点烙印的年龄。人生的过程是由社会结构定位（social structure）与个人自主动因（personal agency）的有机整合所推动的。在这个旅程中，人生会有许多转折点（transition）。比如，从高中考上大学、大学毕业后走上工作岗位就是人生两个重要的转折点。

如果我们把这些转折点连接起来，便形成了人生的轨迹。而这个轨迹就是由社会结构定位和个人自主动因（正面或负面）随机整合所造就的。值得注意的是，我们在这里并不是描述单个人的人生转折点和人生轨迹，而是描述一个特殊的人群——美国四年制大学的全职教授。

此项研究只将性别和出生地作为社会结构定位的因素来考虑（因为我们个人不能选择），把专业和大学声望作为个人的自主动因来考虑（这些是选择的结果）。简言之，整个理论模型以年龄为基本自变量，将社会结构定位和个人自主动因作为控制变量来考察美国教授长期和短期科研能力的表现。

研究有以下三个基本结论：

1. 无论是从整个科研生涯来看，还是从最近的科研行为来看，教授的年龄都对他们的科研能力有正面的影响。

2. 科研能力的巅峰不只是出现在一个年龄段而是出现在多个年龄段。从教授科研生涯的轨迹，我们既可以看到他们在 39 岁时掀起的波澜，又可以看到他们在 59 岁和 69 岁时表现出的辉煌。从教授当前的科研行为中，我们既能看到 39 岁左右的学者后生可畏，又可以看到 69 岁左右长者的执着。

3. 当引入性别、专业、大学声望、出生地作为控制变量时，年龄对科研能力的正面影响不仅依然存在，而且显得更加斑斓多彩。如此丰富的岁月与科研能力关系的交响乐只有放在人生过程理论的框架下，把年龄打上时代和具体情况的烙印，才能得到充分的理解。随着寿命预期的大幅增长，科学研究复杂程度的日益加深，科研上成就大器的年龄已经或将会相应延迟。

换句话说，在 70 岁之前，美国教授的年龄越大，其科研能力也越强（如果我们把积累效应和瞬时效应综合起来看）。这些发现显然是和许多研究年龄与科研能力关系的文献相左的。年龄与科研能力的关系虽然研究得颇多，但也是一个存在不少误解的问题。

首先，年龄与科研能力的关系并不是一成不变的。当把人的寿命预期在近一个世纪的空前延长以及科研复杂性的快速增长放在一起来考虑，我们就很容易理解，这是一种动态的关系。众所周知，当牛顿和莱布尼兹发明微积分时，他们都是二十来岁的年轻人，而且是几乎精通当时数学和科学前沿的全才。也许我们还能在现在或者未来发现这样的全才，可是发现这些全才的机遇显然大大降低了。

其次，人们通常把革命性的研究与常规性的研究混为一谈。诺贝尔奖得主和他们年龄的关系是一个经常被用来证明年龄与科研能力关系的经典例子。可是，当人们把革命性的研究与常规性的研究混为一谈，把诺贝尔奖得主发表获奖成果的年龄与众多研究者发表成果的年龄混为一谈时，其结论往往容易偏颇。革命性研究与常规性研究有许多共同之处，然而，知识的积淀对常规性的研究比对革命性的研究来得更重要，因为过多的知识积淀常常是对革命性研究的一种束缚。这就是诺贝尔奖得主，特别是在科学领域中的诺贝尔奖得主，一般都很年轻的部分原因。诚然，诺贝尔奖获得者的确非常重要，可那毕竟是众多科研人员和教授中极少的一部分。因此，把研究年龄与科研能力关系放在较大样本的基础上（例如，本文使用的美国有全国代表性的样本）也许能更恰当更科学地揭示二者的关系，何况现在和未来的诺贝尔奖获得者常常就在这样的大样本之中。

因此，这里要着重指出的是，除了要强调和突出年轻人和中年人的科研能力，也不应忽视长者的科研能力。试想，当一个人读完博士之后（特别是那些有多年工作经验的博士），已经并不感到很年轻了。岁月无情，人生易老，让我们共同创造一个不对年龄产生歧视的科研环境。如果用一句来概括本文对年龄与科研能力关系研究的结果，那么这句话就是："青春诚可贵，夕阳无限好。"

参考文献

[1] Nelson T O. Consciousness and metacognition.[J]. *Consciousness & Cognition*, 2000, 9（1）: 231-242.

[2] Flavell J H, Speer J R, Green F L, et al. The development of comprehension monitoring and knowledge about communication[J]. *Monographs of the Society for Research in Child Development*, 1981: 1-65.

[3] Brown A L. Knowing when, where and, how to remember: A problem of metacognition[J]. *Advances in Instructional Psychology*, 1978, 1.

[4] Yussen S R. The role of metacognition in contemporary theories of cognitive development[J]. *Metacognition, Cognition, and Human Performance*, 1985, 1: 253-283.

[5] Weinert F E, Kluwe R H. Metacognition, motivation, and understanding[M]. Psychology Press,1987.

[6] Garner R, Alexander P A. Metacognition: Answered and unanswered questions [J]. *Educational Psychologist*, 1989, 24（2）: 143-158.

[7] Davidson J E, Deuser R, Sternberg R J. The role of metacognition in problem solving[J]. *Metacognition: Knowing about Knowing*, 1994: 207-226.

[8] Reder L M. Different research programs on metacognition: Are the boundaries imaginary? [J]. *Learning and Individual Differences*, 1996, 8（4）: 383-390.

[9] Flavell J H. Metacognitive aspects of problem solving[J]. *The Nature of Intelligence*, 1976: 231-235.

[10] 董奇. 元认知与思维品质关系性质的相关、实验研究 [J]. 北京师范大学学报：社会科学版，1991（1）: 49.

[11] 汪玲，郭德俊. 元认知的本质与要素 [J]. 心理学报，2000, 32（4）: 458-463.

[12] Kalter N, Lohnes K L, Chasin J, et al. The adjustment of parentally bereaved children: I. Factors associated with short-term adjustment[J]. *OMEGA-Journal of Death and Dying*, 2003, 46（1）: 15-34.

[13] Karpicke J D, Butler A C, Roediger III H L. Metacognitive strategies in student learning: do students practise retrieval when they study on their own? [J]. *Memory*, 2009, 17（4）: 471-479.

[14] Kornell N, Son L K. Learners' choices and beliefs about self-testing[J]. *Memory*, 2009, 17（5）: 493-501.

[15] Touron D R, Oransky N, Meier M E, et al. Metacognitive monitoring and strategic behaviour in working memory performance[J]. *The Quarterly Journal of Experimental Psychology*, 2010, 63（8）: 1533-1551.

[16] Shrager J, Siegler R S. SCADS: A model of children's strategy choices and strategy discoveries[J]. *Psychological Science*, 1998, 9（5）: 405-410.

[17] Verschaffel L, Luwel K, Torbeyns J, et al. Conceptualizing, investigating, and enhancing adaptive expertise in elementary mathematics education[J]. *European Journal of Psychology of Education*, 2009, 24（3）: 335.

[18] Spry G, Lamb J T, Heirdsfield A M. Professional learning: implementing new mathematics content[J].*Australian Association for Research in Education 2008 Conference Papers Collection*, 2009,1-14.

[19] 吴灵丹, 刘电芝. 儿童计算的元认知监测及其对策略选择的影响 [J]. 心理科学, 2006, 29（2）: 354-357.

[20] 王葵. 4-6 岁幼儿的元认知水平对简单加法计算策略的影响研究 [D]. 西南师范大学, 2004.

[21] Siegler R S, Crowley K. The microgenetic method[J]. *Critical Readings on Piaget*, 1996: 606-620.

[22] Campbell A E, Davis G E, Adams V M. Cognitive demands and second-language learners: A framework for analyzing mathematics instructional contexts[J]. *Mathematical Thinking and Learning*, 2007, 9（1）: 3-30.

[23] Ishida J. Students' evaluation of their strategies when they find several solution methods[J]. *The Journal of Mathematical Behavior*, 2002, 21（1）: 49-56.

[24] Carlson R A. Conscious intentions in the control of skilled mental activity[J]. *Psychology of Learning and Motivation*, 2002, 41: 191-228.

[25] 褚勇杰, 刘电芝. 无意识元认知调控下的策略转换 [J]. 心理学探新, 2009, 29（5）: 37-41.

[26] Güss C D, Wiley B. Metacognition of problem-solving strategies in Brazil, India, and the United States[J]. *Journal of Cognition and Culture*, 2007, 7（1）: 1-25.

[27] Opie R, Schumpeter J A. *The theory of economic development; an inquiry into profits, capital, credit, interest, and the business cycle*, [M]. Cambridge,

Mass.：Harvard University Press，1934：255.

[28] 陈劲，唐孝威. 脑与创新——神经创新学研究述评 [M]. 科学出版社，2013.

[29] KERSHAW T C，OHLSSON S. Multiple causes of difficulty in insight：The case of the nine-dot problem[J]. *Journal of Experimental Psychology-Learning Memory and Cognition*，2004，30（1）：3-13.

[30] COSENTINO S，METCALFE J，BUTTERFIELD B，et al. Objective metamemory testing captures awareness of deficit in Alzheimer's disease[J]. *Cortex*，2007，43（7）：1004-1019.

[31] KNOBLICH G，OHLSSON S，RANEY G E. An eye movement study of insight problem solving[J]. *Memory & Cognition*，2001，29（7）：1000-1009.

[32] Goyal S K. Simple method of assigning projects to students[J]. *Operational Research Quarterly*，1973，24（3）：473-474.

[33] Amabile T. *Creativity in context*[M]. Boulder，Colo.：Westview Press，1996：317.

[34] Tulving E. Elements of episodic memory[M].Oxford University Press, 1985.

[35] Bischof-Köhler D，Bischof N. Is mental time travel a frame-of-reference issue？[J]. *Behavioral and Brain Sciences*，2007，30（3）：316-317.

[36] Mulcahy N J，Call J. Apes save tools for future use[J]. *Science*，2006，312（5776）：1038-1040.

[37] Osvath M，Osvath H. Chimpanzee（Pan troglodytes）and orangutan（Pongo abelii）forethought：self-control and pre-experience in the face of future tool use[J]. *Animal cognition*，2008，11（4）：661-674.

[38] Osvath M. Spontaneous planning for future stone throwing by a male chimpanzee[J]. *Current biology*，2009，19（5）：R190-R191.

[39] Rosati A G，Stevens J R，Hare B，et al. The evolutionary origins of human patience：temporal preferences in chimpanzees，bonobos，and human adults[J]. *Current Biology*，2007，17（19）：1663-1668.

[40] Evans T A，Beran M J. Chimpanzees use self-distraction to cope with

impulsivity[J]. *Biology Letters*, 2007, 3（6）: 599-602.

[41] Emery N J, Clayton N S. Effects of experience and social context on prospective caching strategies by scrub jays[J]. *Nature*, 2001, 414（6862）: 443-446.

[42] Stulp G, Emery N J, Verhulst S, et al. Western scrub-jays conceal auditory information when competitors can hear but cannot see[J]. *Biology Letters*, 2009: l20090330.

[43] Clayton N S, Dally J, Gilbert J, et al. Food caching by western scrub-jays （Aphelocoma californica）is sensitive to the conditions at recovery.[J]. *Journal of Experimental Psychology: Animal Behavior Processes*, 2005, 31（2）: 115.

[44] Clayton N S, Bussey T J, Dickinson A. Can animals recall the past and plan for the future? [J]. *Nature Reviews Neuroscience*, 2003, 4（8）: 685-691.

[45] Suddendorf T, Addis D R, Corballis M C. Mental time travel and the shaping of the human mind[J]. *Philosophical Transactions of the Royal Society of London B: Biological Sciences*, 2009, 364（1521）: 1317-1324.

[46] Suddendorf T, Busby J. Mental time travel in animals? [J]. *Trends in Cognitive Sciences*, 2003, 7（9）: 391-396.

[47] Clayton N S, Bussey T J, Emery N J, et al. Prometheus to Proust: the case for behavioural criteria for 'mental time travel'[J]. *Trends in Cognitive Sciences*, 2003, 7（10）: 436-437.

[48] Correia S P, Dickinson A, Clayton N S. Western scrub-jays anticipate future needs independently of their current motivational state[J]. *Current Biology*, 2007, 17（10）: 856-861.

[49] Raby C R, Alexis D M, Dickinson A, et al. Planning for the future by western scrub-jays[J]. *Nature*, 2007, 445（7130）: 919-921.

[50] Suddendorf T, Busby J. Making decisions with the future in mind: Developmental and comparative identification of mental time travel[J]. *Learning and Motivation*, 2005, 36（2）: 110-125.

[51] Schacter D L. Searching for memory: The brain, the mind, and the past[M]. Basic Books, 2008.

[52] Lagattuta K H. Thinking about the future because of the past: Young children's knowledge about the causes of worry and preventative decisions[J]. *Child Development*, 2007, 78（5）: 1492-1509.

[53] Atance C M, Meltzoff A N. Preschoolers' current desires warp their choices for the future[J]. *Psychological Science*, 2006, 17（7）: 583-587.

[54] Atance C M. Future thinking in young children[J]. *Current Directions in Psychological Science*, 2008, 17（4）: 295-298.

[55] Atance C M, O Neill D K. Preschoolers' talk about future situations[J]. *First Language*, 2005, 25（1）: 5-18.

[56] Raby C R, Alexis D M, Dickinson A, et al. Planning for the future by western scrub-jays[J]. *Nature*, 2007, 445（7130）: 919-921.

[57] Busby J, Suddendorf T. Recalling yesterday and predicting tomorrow[J]. *Cognitive Development*, 2005, 20（3）: 362-372.

[58] Suddendorf T, Busby J. Making decisions with the future in mind: Developmental and comparative identification of mental time travel[J]. *Learning and Motivation*, 2005, 36（2）: 110-125.

[59] Atance C M, Meltzoff A N. Preschoolers' current desires warp their choices for the future[J]. *Psychological Science*, 2006, 17（7）: 583-587.

[60] Schacter D L, Addis D R, Buckner R L. Remembering the past to imagine the future: the prospective brain[J]. *Nature Reviews Neuroscience*, 2007, 8（9）: 657-661.

[61] D Argembeau A, Van der Linden M. Individual differences in the phenomenology of mental time travel: The effect of vivid visual imagery and emotion regulation strategies[J]. *Consciousness and Cognition*, 2006, 15（2）: 342-350.

[62] Spreng R N, Levine B. The temporal distribution of past and future autobiographical events across the lifespan[J]. *Memory & Cognition*, 2006,

34（8）: 1644-1651.

[63] D Argembeau A, Van der Linden M. Phenomenal characteristics associated with projecting oneself back into the past and forward into the future: Influence of valence and temporal distance[J]. *Consciousness and Cognition*, 2004, 13（4）: 844-858.

[64] D Argembeau A, Van der Linden M. Individual differences in the phenomenology of mental time travel: The effect of vivid visual imagery and emotion regulation strategies[J]. *Consciousness and Cognition*, 2006, 15（2）: 342-350.

[65] Szpunar K K, McDermott K B. Episodic future thought and its relation to remembering: Evidence from ratings of subjective experience[J]. *Consciousness and Cognition*, 2008, 17（1）: 330-334.

[66] Bar M. The proactive brain: memory for predictions[J]. Philosophical *Transactions of the Royal Society of London B: Biological Sciences*, 2009, 364（1521）: 1235-1243.

[67] Hassabis D, Maguire E A. The construction system of the brain[J]. *Philosophical Transactions of the Royal Society of London B: Biological Sciences*, 2009, 364（1521）: 1263-1271.

[68] Berntsen D, Jacobsen A S. Involuntary（spontaneous）mental time travel into the past and future[J]. *Consciousness and Cognition*, 2008, 17（4）: 1093-1104.

[69] Trope Y, Liberman N. Temporal construal.[J]. *Psychological Review*, 2003, 110（3）: 403.

[70] Liberman N, Trope Y. The psychology of transcending the here and now[J]. *Science*, 2008, 322（5905）: 1201-1205.

[71] Liberman N, Sagristano M D, Trope Y. The effect of temporal distance on level of mental construal[J]. *Journal of experimental social psychology*, 2002, 38（6）: 523-534.

[72] Liberman N, Trope Y. The role of feasibility and desirability considerations

in near and distant future decisions: A test of temporal construal theory.[J]. *Journal of Personality and Social Psychology*, 1998, 75（1）: 5.

[73] Gilbert D T, Wilson T D. Why the brain talks to itself: Sources of error in emotional prediction[J]. *Philosophical Transactions of the Royal Society of London B: Biological Sciences*, 2009, 364（1521）: 1335-1341.

[74] Gilbert D T, Wilson T D. Prospection: Experiencing the future[J]. *Science*, 2007, 317（5843）: 1351-1354.

[75] Gilbert D T, Killingsworth M A, Eyre R N, et al. The surprising power of neighborly advice[J]. *Science*, 2009, 323（5921）: 1617-1619.

[76] Wason P C. Reasoning. In B M Fss（Ed）, *New Horizons in Psychology 1* [M]. Harmondsworth: Pelian, 1966.

[77] Wason P C. Reasoning about a rule[J]. *The Quarterly journal of experimental Psychology*, 1968, 20（3）: 273-281.

[78] Cheng P W, Holyoak K J. Pragmatic reasoning schemas[J]. *Cognitive psychology*, 1985, 17（4）: 391-416.

[79] Evans J, Lynch J S. Matching bias in the selection task[J]. *British Journal of Psychology*, 1973, 64（3）: 391-397.

[80] Margolis H. *Patterns, thinking, and cognition: A theory of judgment*[M]. University of Chicago Press, 1987.

[81] Braine M D, O'Brien D P. *Mental logic*[M]. Psychology Press, 1998.

[82] Rips L J. *The psychology of proof: Deductive reasoning in human thinking*[M]. MIT Press, 1994.

[83] Johnson-Laird P N. *Mental models: Towards a cognitive science of language, inference, and consciousness*[M]. Harvard University Press, 1983.

[84] Johnson-Laird P N. Peirce, logic diagrams, and the elementary operations of reasoning[J]. *Thinking & Reasoning*, 2002, 8（1）: 69-95.

[85] Byrne R M, Johnson-Laird P N. Spatial reasoning[J]. *Journal of Memory and Language*, 1989, 28（5）: 564-575.

[86] Carreiras M, Perea M, Grainger J. Effects of orthographic neighborhood in visual word recognition: Cross-task comparisons[J]. *Journal of Experimental Psychology-Learning Memory and Cognition*, 1997, 23 (4): 857-871.

[87] Vandierendonck A, De Vooght G. Working memory usage in four-term deductive reasoning problems with simultaneous or sequential presentation of premise terms[J]. *Reports of the Department of General Psychology*, 1996, 29.

[88] Schaeken W, Girotto V, Johnson-Laird P N. The effect of an irrelevant premise on temporal and spatial reasoning[J]. *Kognitionswissenschaft*, 1998, 7 (1): 27-32.

[89] Boudreau G, Pigeau R. The mental representation and processes of spatial deductive reasoning with diagrams and sentences[J]. *International Journal of Psychology*, 2001, 36 (1): 42-52.

[90] Oberauer K, Kliegl R. A formal model of capacity limits in working memory[J]. *Journal of Memory and Language*, 2006, 55 (4): 601-626.

[91] Logan G D. On the ability to inhibit thought and action: A users' guide to the stop signal paradigm. In D. Dagenbach T. H. Carr (Eds), *Inhibitory Processes in attention, memory, and language.* [M].Academic Press. 1994, 189-239.

[92] Oberauer K, Wilhelm O. Effects of directionality in deductive reasoning: I. The comprehension of single relational premises.[J]. *Journal of Experimental Psychology: Learning, Memory, and Cognition*, 2000, 26 (6): 1702.

[93] Hörnig R, Oberauer K, Weidenfeld A. Two principles of premise integration in spatial reasoning[J]. *Memory & Cognition*, 2005, 33 (1): 131-139.

[94] Hörnig R, Weskott T, Kliegl R, et al. Word order variation in spatial descriptions with adverbs[J]. *Memory & Cognition*, 2006, 34 (5): 1183-1192.

[95] Hörnig R, Oberauer K, Weidenfeld A. Between reasoning[J]. *The Quarterly Journal of Experimental Psychology*, 2006, 59 (10): 1805-1825.

[96] Oberauer K, Hörnig R, Weidenfeld A, et al. Effects of directionality in deductive reasoning: II. Premise integration and conclusion evaluation[J]. *The Quarterly Journal of Experimental Psychology Section A*, 2005, 58（7）: 1225-1247.

[97] Oaksford M, Chater N, Larkin J. Probabilities and polarity biases in conditional inference.[J]. *Journal of Experimental Psychology: Learning, Memory, and Cognition*, 2000, 26（4）: 883.

[98] Evans J S B, Twyman-Musgrove J. Conditional reasoning with inducements and advice[J]. *Cognition*, 1998, 69（1）: B11-B16.

[99] Evans J S B. In two minds: dual-process accounts of reasoning[J]. *Trends in Cognitive Sciences*, 2003, 7（10）: 454-459.

[100] Smits T, Hoorens V. How probable is probably? It depends on whom you're talking about[J]. *Journal of Behavioral Decision Making*, 2005, 18（2）: 83-96.

[101] 张向阳. 贝叶斯推理心理学研究 [M]. 上海三联书店, 2006.

[102] Lau L, Ranyard R. Chinese and English probabilistic thinking and risk taking in gambling[J]. *Journal of Cross-Cultural Psychology*, 2005, 36（5）: 621-627.

[103] Burt C. The development of reasoning in children.[J]. 1922.

[104] Piaget J. Judging and reasoning in the child[Z]. New York: Harcourt Brace, 1928.

[105] Wynne C D. A minimal model of transitive inference[J]. *Models of Action*, 1998: 269-307.

[106] Bush R R, Mosteller F. *A model for stimulus generalization and discrimination*[M]Selected Papers of Frederick Mosteller. Springer, 2006: 235-250.

[107] Couvillon P A, Bitterman M E. A conventional conditioning analysis of "transitive inference" in pigeons.[J]. *Journal of Experimental Psychology*:

Animal Behavion Processes, 18（3）: 308-310.1992.

[108] Rescorla R A, Wagner A R. A theory of Pavlovian conditioning: Variations in the associability of stimuli with reinforcement[J]. *Classical Conditioning*: *II. Current Theory and Research*, 1972: 64-99.

[109] Wynne C. Reinforcement accounts for transitive inference performance[J]. *Animal Learning & Behavior*, 1995, 23（2）: 207-217.

[110] Von Fersen L, Wynne C D, Delius J D, et al. Transitive inference formation in pigeons.[J]. *Journal of Experimental Psychology*: *Animal Behavior Processes*, 1991, 17（3）: 334.

[111] Delius J D, Siemann M. Transitive responding in animals and humans: Exaptation rather than adaptation? [J]. *Behavioural Processes*, 1998, 42（2）: 107-137.

[112] Werner E E, Smith R S. *Overcoming the odds*: *High risk children from birth to adulthood*[M]. Cornell University Press, 1992.

[113] Trabasso T, Riley C A, Wilson E G. The representation of linear order and spatial strategies in reasoning: A developmental study[J]. *Reasoning*: *Representation and Process in Children and Adults*, 1975: 201-229.

[114] de Boysson-Bardies B, O'Regan K. What children do in spite of adults' hypotheses.[J]. *Nature*, 1973, 246（5434）: 531-534.

[115] Kallio K D. Developmental change on a five-term transitive inference[J]. *Journal of Experimental Child Psychology*, 1982, 33（1）: 142-164.

[116] Halford G S, Kelly M E. On the basis of early transitivity judgments[J]. *Journal of Experimental Child Psychology*, 1984, 38（1）: 42-63.

[117] Smith K H, Foos P W. Effect of presentation order on the construction of linear orders[J]. Memory & Cognition, 1975, 3（6）: 614-618.

[118] Foos P W, Sabol M A. The role of memory in the construction of linear orderings[J]. *Memory & cognition*, 1981, 9（4）: 371-377.

[119] Smith K H, Zirkleb D, Mynatt B T. Transfer of training from introductory

computer courses is highly specific... and negative![J]. *Behavior Research Methods*, 1985, 17（2）: 259-264.

[120] Woocher F D, Glass A L, Holyoak K J. Positional discriminability in linear orderings[J]. *Memory & Cognition*, 1978, 6（2）: 165-173.

[121] Von Fersen L, Wynne C D, Delius J D, et al. Transitive inference formation in pigeons.[J]. *Journal of Experimental Psychology*: *Animal Behavior Processes*, 1991, 17（3）: 334.

[122] Banks W P, White H, Sturgill W, et al. Semantic congruity and expectancy in symbolic judgments.[J]. *Journal of Experimental Psychology*: *Human Perception and Performance*, 1983, 9（4）: 560.

[123] Von Fersen L, Wynne C D, Delius J D, et al. Transitive inference formation in pigeons.[J]. *Journal of Experimental Psychology*: *Animal Behavior Processes*, 1991, 17（3）: 334.

[124] Boudreau G, Pigeau R. The mental representation and processes of spatial deductive reasoning with diagrams and sentences[J]. *International Journal of Psychology*, 2001, 36（1）: 42-52.

[125] Copeland D E, Radvansky G A. Aging and integrating spatial mental models. [J]. *Psychology And aging*, 2007, 22（3）: 569.

[126] 傅小兰, 赵晓东. 信息表征形式对解决贝叶斯推理问题的影响 [J]. 心理与行为研究, 2005, 3（2）: 109-115.

[127] Reber A S. Implicit learning of artificial grammars[J]. *Journal of Verbal Learning and Verbal Behavior*, 1967, 6（6）: 855-863.

[128] Ellis N. Rules and instances in foreign language learning: Interactions of explicit and implicit knowledge[J]. *European Journal of Cognitive Psychology*, 1993, 5（3）: 289-318.

[129] 郭春彦, 侯培庄, 朱滢. 集中注意和词干补笔对应于词汇学习, 记忆影响的实验研究 [J]. 首都师范大学学报（自然科学版）, 1999, 20（1）: 86-94.

[130] Nilsson L, Olofsson U, Nyberg L. Implicit memory of dynamic information[J]. *Bulletin of the Psychonomic Society*, 1992, 30 (4): 265-267.

[131] McLeod P, Dienes Z. Running to catch the ball.[J]. *Nature*, 1993.

[132] Kandel S, Orliaguet J, Viviani P. Perceptual anticipation in handwriting: The role of implicit motor competence[J]. *Attention, Perception, & Psychophysics*, 2000, 62 (4): 706-716.

[133] Olson I R, Chun M M. Temporal contextual cuing of visual attention[J]. *Journal of Experimental Psychology-Learning Memory and Cognition*, 2001, 27 (5): 1299-1313.

[134] Reber A S. Transfer of syntactic structure in synthetic languages.[J]. *Journal of Experimental Psychology*, 1969, 81 (1): 115.

[135] Reber A S, Lewis S. Implicit learning: An analysis of the form and structure of a body of tacit knowledge[J]. *Cognition*, 1977, 5 (4): 333-361.

[136] Brooks L R. Nonanalytic concept formation and memory for instances. In Eleanor Rosch & Barbara Lloyd (eds.), *Cognition and Categorization*. Lawrence Erlbaum, 1978.

[137] McAndrews M P, Moscovitch M. Rule-based and exemplar-based classification in artificial grammar learning[J]. *Memory & Cognition*, 1985, 13 (5): 469-475.

[138] Mathews R C, Buss R R, Stanley W B, et al. Role of implicit and explicit processes in learning from examples: A synergistic effect.[J]. *Journal of Experimental Psychology: Learning, Memory, and Cognition*, 1989, 15 (6): 1083.

[139] Perruchet P, Pacteau C. Synthetic grammar learning: Implicit rule abstraction or explicit fragmentary knowledge? [J]. *Journal of Experimental Psychology: General*, 1990, 119 (3): 264.

[140] Gomez R L, Schvaneveldt R W. What is learned from artificial grammars? Transfer tests of simple association.[J]. *Journal of Experimental Psychology:*

Learning, *Memory*, *and Cognition*, 1994, 20（2）: 396.

[141] Stadler M A. Role of attention in implicit learning[J]. *Journal of Experimental Psychology-Learning Memory and Cognition*, 1995, 21（3）: 674-685.

[142] Hunt R H, Aslin R N. Statistical learning in a serial reaction time task: access to separable statistical cues by individual learners.[J]. *Journal of Experimental Psychology: General*, 2001, 130（4）: 658.

[143] Destrebecqz A, Cleeremans A. Can sequence learning be implicit? New evidence with the process dissociation procedure[J]. *Psychonomic bulletin & review*, 2001, 8（2）: 343-350.

[144] Shanks D R, Wilkinson L, Channon S. Relationship between priming and recognition in deterministic and probabilistic sequence learning.[J]. *Journal of Experimental Psychology: Learning, Memory, and Cognition*, 2003, 29（2）: 248.

[145] Shanks D R. Attention and awareness in "implicit" sequence learning[J]. *Advances in Consciousness Research*, 2003, 48: 11-42.

[146] O'Brien G, Opie J. Putting content into a vehicle theory of consciousness[J]. *Behavioral and Brain Sciences*, 1999, 22（1）: 175-192.

[147] Mathis D, Mozer M C. Conscious and unconscious perception: A computational theory Proceedings of the eighteenth annual conference of the Cognitive Science Society, 1996[C].

[148] Cleeremans A, Jiménez L. Implicit learning and consciousness: A graded, dynamic perspective[J]. *Implicit Learning and Consciousness*, 2002: 1-40.

[149] Destrebecqz A, Cleeremans A. Temporal effects in sequence learning[J]. *Advances in Consciousness Research*, 2003, 48: 181-214.

[150] Wilkinson L, Shanks D R. Intentional control and implicit sequence learning.[J]. *Journal of Experimental Psychology: Learning, Memory, and Cognition*, 2004, 30（2）: 354.

[151] Perruchet P, Vinter A, Gallego J. Implicit learning shapes new conscious

percepts and representations[J]. *Psychonomic Bulletin & Review*, 1997, 4 (1): 43-48.

[152] Dienes Z, Perner J. What sort of representation is conscious? [J]. *Behavioral and Brain Sciences*, 2002, 25 (3): 336-337.

[153] Rosenthal D M. Higher - order thoughts and the appendage theory of consciousness[J]. *Philosophical Psychology*, 1993, 6 (2): 155-166.

[154] Hertz P. Über den gegenseitigen durchschnittlichen Abstand von Punkten, die mit bekannter mittlerer Dichte im Raume angeordnet sind[J]. *Mathematische Annalen*, 1909, 67 (3): 387-398.

[155] Allportwrited G. *The Nature of Prejudice*[M]. Doubleday Anchor Books, 1958.

[156] Harlow H F. The Nature of Love[J]. *American Psychologist*, 1958, 13 (12): 673-685.

[157] Hall E T. *The Hidden Dimension: Man's Use of Space in Public and Private.* [M]. 1966.

[158] Mehrabian A. Silent Messages Implicit: Communication of Emotions and Attitudes[J]. *Emirates Journal of Food & Agriculture*, 1981.

[159] Macrae C N, Bodenhausen G V, Milne A B, et al. Out of mind but back in sight: Stereotypes on the rebound.[J]. *Journal of Personality & Social Psychology*, 1994, 67 (5): 808-817.

[160] Chatterjee A, Southwood M H, Basilico D. Verbs, events and spatial representations[J]. *Neuropsychologia*, 1999, 37 (4): 395-402.

[161] Torralbo A, Santiago J, Lupiáñez J. Flexible conceptual projection of time onto spatial frames of reference.[J]. *Cognitive Science*, 2006, 30 (4): 745.

[162] Santiago J, Lupáñez J, Pérez E, et al. Time (also) flies from left to right[J]. *Psychonomic Bulletin & Review*, 2007, 14 (3): 512-516.

[163] Ouellet M, Santiago J, Israeli Z, et al. Is the future the right time? [J]. *Experimental Psychology*, 2010, 57 (4): 308-314.

[164] Suitner C, McManus I C. Aesthetic asymmetries, spatial agency, and art history: A social psychological perspective[J]. S*patial Dimensions of Social Thought*, 2011: 277-302.

[165] Núñez R E, Sweetser E. With the future behind them: convergent evidence from aymara language and gesture in the crosslinguistic comparison of spatial construals of time.[J]. *Cognitive Science*, 2006, 30（3）: 401-450.

[166] Brady N, Campbell M, Flaherty M. Perceptual asymmetries are preserved in memory for highly familiar faces of self and friend[J]. *Brain & Cognition*, 2005, 58（3）: 334.

[167] Jersild, Thomas A T A. Mental set and shift[J]. *Archives of Psychology*, 1927.

[168] Allport A, Wylie G. Task switching, stimulus-response bindings, and negative priming[J]. *Attention & Performance*, 2000, 18: 33-70.

[169] Sohn M H, Carlson R A. Effects of repetition and foreknowledge in task-set reconfiguration[J]. *Journal of Experimental Psychology: Learning, Memory and Cognition*, 2000, 26（6）: 1445-1460.

[170] Moulden D, Picton T W, Meiran N. Event-related potentials when switching attention between task-sets.[J]. *Brain & Cognition*, 1998, 37（1）: 186-190.

[171] Yeung N, Monsell S. Switching between tasks of unequal familiarity: the role of stimulus-attribute and response-set selection.[J]. *Journal of Experimental Psychology: Human Perception and Performance*, 2003, 29（2）: 455.

[172] Monsell S. Costs of a predictable switch between simple cognitive tasks[J]. *Journal of Experimental Psychology* General, 1995, 124（2）: 207-231.

[173] Hunt A R, Klein R M. Eliminating the cost of task set reconfiguration.[J]. *Memory & Cognition*, 2002, 30（4）: 529-539.

[174] Mayr U, Keele S W. Changing internal constraints on action: the role of backward inhibition[J]. *Journal of Experimental Psychology: General*, 2000, 129（1）: 4.

[175] Monsell S，Mizon G A. Can the task-cuing paradigm measure an endogenous task-set reconfiguration process? [J]. *Journal of Experimental Psychology Human Perception & Performan*，2006，32（3）：493.

[176] Fredrickson B L，Branigan C. Positive emotions broaden the scope of attention and thought-action repertoires.[J]. *Cognition & Emotion*，2005，19（3）：313.

[177] Baumann N，Kuhl J. Positive affect and flexibility：overcoming the precedence of global over local processing of visual information[J]. *Motivation & Emotion*，2005，29（2）：123-134.

[178] Compton R J，Wirtz D，Pajoumand G，et al. Association between positive affect and attentional shifting[J]. *Cognitive Therapy & Research*，2004，28（6）：733-744.

[179] Kuhl J，Kazén M. Volitional facilitation of difficult intentions：Joint activation of intention memory and positive affect removes Stroop interference [J]. *Journal of Experimental Psychology：General*，1999，128（3）：382-399.

[180] Fredrickson B L. The role of positive emotions in positive psychology：the broaden-and-build theory of positive emotions [J]. *Philosophical Transactions of the Royal Society of London*，2001，56（3）：218-226.

[181] 詹姆斯·沃森. 双螺旋：发现 DNA 结构的故事 [M]. 刘望夷，译. 上海译文出版社，2016.

[182] Oatley K，Jenkins J M. Human Emotions：Function and Dysfunction[J]. *Annual Review of Psychology*，1992，43（1）：55-85.

[183] Kubovy M. *On the pleasures of the mind.*[M]. 1999.

[184] Loewenstein G. The psychology of curiosity：A review and reinterpretation.[J]. *Psychological Bulletin*，1994，116（1）：75-98.

[185] Sansone C，Thoman D B. Interest as the Missing Motivator in Self-Regulation.[J]. *European Psychologist*，2005，10（3）：175-186.

[186] Silvia P J. What Is Interesting? Exploring the Appraisal Structure of Interest.
[J]. *Emotion*, 2005, 5（1）: 89-102.

[187] Ainley M, Hidi S, Berndorff D. Interest, learning, and the psychological processes that mediate their relationship.[J]. *Journal of Educational Psychology*, 2002, 94（3）: 545-561.

[188] Berlyne D E. Curiosity and Learning.[J]. *Motivation & Emotion*, 1978, 2（2）: 97-175.

[189] Berlyne D E. Chapter 2–Humor and Its Kin[J]. *Psychology of Humor*, 1972: 43-60.

[190] Krapp A, Hidi S, Renninger K A. Interest, learning, and development.[J]. *Kress*, 1992, 11（3）: 3-25.

[191] Teigen K H. Yerkes-Dodson: A law for all seasons.[J]. *Theory & Psychology*, 1994, 4（4）: 525-547.

[192] 张桂平，廖建桥. 科研考核压力对高校教师非伦理行为的影响研究 [J]. 管理学报, 2014, 11（3）: 360.

[193] Saldern M V. *Kurt Lewin's Influence on Social Emotional Climate Research in Germany and the United States*[M]. Springer New York, 1986.

[194] Emerson R M. Social Exchange Theory[J]. *Annual Review of Sociology*, 1976, 2（7）: 335-362.

[195] Salovey P, Mayer J D. Emotional Intelligence[J]. *Imagination Cognition & Personality*, 1990, 9（6）: 217-236.

[196] Jordan P J, Ashkanasy N M, Hartel C E J. Emotional Intelligence as a Moderator of Emotional and Behavioral Reactions to Job Insecurity[J]. *Academy of Management Review*, 2002, 27（3）: 361-372.

[197] Antonakis J, Ashkanasy N M, Dasborough M T. Does leadership need emotional intelligence? [J]. *Leadership Quarterly*, 2009, 20（2）: 247-261.

[198] Lindebaum D. Does emotional intelligence moderate the relationship between mental health and job performance? An exploratory study[J]. *European*

Management Journal, 2013, 31 (6): 538-548.

[199] Güleryüz G, Güney S, Aydın E M, et al. The mediating effect of job satisfaction between emotional intelligence and organisational commitment of nurses: A questionnaire survey[J]. *International Journal of Nursing Studies*, 2008, 45 (11): 1625-1635.

[200] Terman L M. *Mental and physical traits of a thousand gifted children*[M]. Stanford University Press, 1981.

[201] Mackinnon D W. *In search of human effectiveness*[M]. Creative Education Foundation, 1978.

[202] Feist G J. A meta-analysis of personality in scientific and artistic creativity[J]. *Personality and social psychology review*, 1998, 2 (4): 290-309.

[203] Roco M. Creative personalities about creative personality in science.[J]. *Revue Roumaine de Psychologie*, 1993.

[204] Csikszentmihalyi M, Csikszentmihalyi I S. Adventure and the flow experience[J]. *Adventure education*, 1990: 149-155.

[205] Perkins D N. 11 Creativity and the quest for mechanism[J]. *The Psychology of Human Thought*, 1988: 309.

[206] Storr A. *The school of genius*[M]. Andre Deutsch, 1988.

[207] 宋志一，朱海燕，张锋. 不同创造性倾向大学生人格特征研究 [J]. 中国健康心理学杂志，2005，13 (4): 241-244.

[208] Mayer J D. The big questions of personality psychology: Defining common pursuits of the discipline[J]. *Imagination*, *Cognition and Personality*, 2007, 27 (1): 3-26.

[209] Jann R. From amateur to professional: the case of the Oxbridge historians[J]. *The Journal of British Studies*, 1983, 22 (2): 122-147.

[210] Kuhn T S. Book and Film Reviews: Revolutionary View of the History of Science: The Structure of Scientific Revolutions[J]. *The Physics Teacher*, 1970, 8 (2): 96-98.

[211] Mulkay M J, Gilbert G N, Woolgar S. Problem areas and research networks in science[J]. *Sociology*, 1975, 9（2）: 187-203.

[212] Merton R K. A note on science and democracy[J]. *Journal of the Legal and Political Sociology*, 1942, 1: 115.

[213] Merton R K. Priorities in scientific discovery: a chapter in the sociology of science[J]. *American Sociological Review*, 1957, 22（6）: 635-659.

[214] Zuckerman H A. *The sociology of science*, RK Merton（Eds）. by N. Storer[Z]. Chicago, 1973.

[215] Mulkay M J. Norms and ideology in science[J]. *Social Science Information*, 1976, 15（4-5）: 637-656.

[216] 曹聪. 中国的科学精英及其政治社会角色 [J]. 当代中国研究, 2007, 1: 1-12.

[217] Amick D J. An index of scientific elitism and the scientist's mission[J]. *Science Studies*, 1974, 4（1）: 1-16.

[218] Dennis W. Variations in productivity among creative workers[J]. *The Scientific Monthly*, 1955, 80: 277-278.

[219] Price D D S. *Big science, little science*[M]. Columbia University, New York, 1965.

[220] Lotka A J. The frequency distribution of scientific productivity[J]. *Journal of the Washington academy of sciences*, 1926, 16（12）: 317-323.

[221] Cole S, Cole J R. Scientific output and recognition: A study in the operation of the reward system in science[J]. *American Sociological Review*, 1967: 377-390.

[222] Gaston J. The reward system in British science[J]. *American Sociological Review*, 1970: 718-732.

[223] Long J S. Productivity and academic position in the scientific career[J]. *American Sociological Review*, 1978: 889-908.

[224] Turner R H. Sponsored and contest mobility and the school system[J]. *American Sociological Review*, 1960: 855-867.

[225] Clemens E S, Cook J M. Politics and institutionalism: Explaining durability and change[J]. *Annual Review of Sociology*, 1999, 25（1）: 441-466.

[226] Eysenck H J, Eysenck M W. *Personality and individual differences*[M]. Plenum New York, NY, 1987.

[227] Cattell R B, Eber H W, TATSUOKA M M. Handbook for the sixteen personality factor questionnaire（16 PF）: *In clinical, educational, industrial, and research psychology, for use with all forms of the test*[M]. Institute for Personality and Ability Testing, 1970.

[228] Rushton J P. Creativity, intelligence, and psychoticism[J]. *Personality and Individual Differences*, 1990, 11（12）: 1291-1298.

[229] Wood F. Factors influencing research performance of university academic staff[J]. *Higher Education*, 1990, 19（1）: 81-100.

[230] RodgerS R, RODGERS N. The sacred spark of academic research[J]. *Journal of Public Administration Research and Theory*, 1999, 9（3）: 473-492.

[231] Burris V. The academic caste system: Prestige hierarchies in PhD exchange networks[J]. *American Sociological Review*, 2004, 69（2）: 239-264.

[232] Braxton J M, EIMERS M T, BAYER A E. The implications of teaching norms for the improvement of undergraduate education[J]. *The Journal of Higher Education*, 1996, 67（6）: 603-625.

[233] Theoharakis V, Hirst A. Perceptual differences of marketing journals: A worldwide perspective[J]. *Marketing Letters*, 2002, 13（4）: 389-402.

[234] Garfield E. The meaning of the impact factor[J]. *International Journal of Clinical and Health Psychology*, 2003, 3（2）.

[235] Meho L I, Sonnenwald D H. Citation ranking versus peer evaluation of senior faculty research performance: A case study of Kurdish scholarship[J]. *Journal of the Association for Information Science and Technology*, 2000, 51（2）: 123-138.

[236] Deci e l, Ryan R M. The support of autonomy and the control of behavior.[J].

Journal of personality and social psychology,1987,53（6）:1024.

[237] Unsworth K. Unpacking creativity[J]. *Academy of Management Review*,2001,26（2）: 289-297.

[238] Ryan R M,DECI E L. Intrinsic and extrinsic motivations: Classic definitions and new directions[J]. *Contemporary educational psychology*,2000,25（1）: 54-67.

[239] Amabile T M. Motivational synergy: Toward new conceptualizations of intrinsic and extrinsic motivation in the workplace[J]. *Human Resource Management Review*,1993,3（3）: 185-201.

[240] Oldham G R,CUMMINGS A. Employee creativity: Personal and contextual factors at work[J]. *Academy of Management Journal*,1996,39（3）: 607-634.

[241] Guay F,Vallerand R J. Social context,student's motivation,and academic achievement: Toward a process model[J]. *Social Psychology of Education*,1996,1（3）: 211-233.

[242] 刘云枫,姚振珝. 导师支持行为对研究生创造力的影响——以信任为干扰变量 [J]. 情报杂志,2010,29（s1）: 6-9.

[243] 潘际銮. 博士生培养要着眼于创造知识 [J]. 学位与研究生教育,1985(2): 44-46.

[244] 姜小鹰,张旋,肖惠敏. 导师指导与护理硕士研究生培养质量相关问题的分析 [J]. 中华护理教育,2007,4（4）: 150-154.

[245] Wood J,Vilkinas T. Characteristics associated with CEO success: perceptions of CEOs and their staff[J]. *Journal of Management Development*,2007,26（3）: 213-227.

[246] Jang H,Reeve J,Deci E L. Engaging students in learning activities: It is not autonomy support or structure but autonomy support and structure.[J]. *Journal of Educational Psychology*,2010,102（3）: 588.

[247] 吴价宝. 导师的学术心态,指导行为与绩效透视 [J]. 学位与研究生教育,2002（4）: 34-35.

[248] 尚智丛. 中国科学院中青年杰出科技人才的年龄特征 [J]. 科学学研究, 2007, 25 (2): 228-232.

[249] 徐飞, 卜晓勇. 中国科学院院士特征状况的计量分析 [J]. 自然辩证法研究, 2006, 22 (3): 68-74.

[250] 林曾. 夕阳无限好——从美国大学教授发表期刊文章看年龄与科研能力之间的关系 [J]. 北京大学教育评论, 2009 (1): 108-123.

[251] Elder G H. The life course as developmental theory[J]. *Child Development*, 1998, 69 (1): 1-12.

[252] Elder JR G H, Johnson M K, CROSNOE R. The emergence and development of life course theory[M]*Handbook of the life course. Springer*, 2003: 3-19.

第三篇　团队与组织的科研心理学

这一篇从科研工作者形成的团队和组织来探讨科研背后的心理学规律。现代的科学研究，虽然依然具有科研工作者很强烈的个人烙印，但是科研工作者基本上都处于某个科研团队或组织中进行某种程度上的协同工作。

3.1　科研团队和团队的科研心理学

3.1.1　科研团队和科研团队心理

科研团队由共同进行科学研究实践活动的科研人员组成，性质可以是长期的或是短期。在现代科学研究中，特别是在"大科学"研究中，许多科研成果虽然以科研人员个体的名义发布（独立作者或合著），但实质上，科研人员已经基本无法脱离团队进行研究活动了，科学研究实践活动主要以科研团队的方式进行。

这里先通过对科研著作的考察来展示团队对现代科研活动的重要性。科研著作是科研成果展现的重要形式，科研著作的合著情况能够表明科研团队化的趋势。随着科学技术不断地深入发展，学科知识体系趋于复杂化，边缘、交叉学科层出不穷，科学研究的难度进一步加大。许多研究项目都必须依靠集体的力量才能完成，有时甚至需要跨学科、跨行业和跨国家地开展科研合作。这种科研合作行为体现在文献载体上则形成了科技论文中不断增多的合著者。得益于在线的文献数据库和计算机的发展，对科研合著情况的研究变得越来越容易，能够得到更多的凭借以前的技术和手段无法发掘的信息。

Price 通过对 1910—1960 年化学领域学术论文的研究发现，从 20 世纪初起，科研合作的数量就开始稳步地增长[1]。Meadows 进一步指出："在物理学领域，20 世纪 20 年代仅有 25% 左右的论文是通过合著形式完成的，到 20 世纪 50 年代该指标则上升为 61%。"[2]Glänzel 等人从 1992 年出版的 SCI 中随机抽取 4 534 篇论文，统计显示 90% 以上的论文是通过合作完成的，每篇论文平均作者数为 4.5 人[3]。

中国的科研合作数量也呈快速增长的趋势，越来越多的科技论文开始以合著的形式出现。从 2003 到 2012 年的 10 年间，我国科技论文中合著论文占论文发表总数的比例稳定在 90% 左右，每篇论文平均作者数为 3.21 人[4]。当前，同一单位合作占据合作类型的主要地位，但趋势表明，合著论文的合作方式正向着更广泛的方式发展。国际论文合著也呈显著上升趋势，反映了中国的科研工作逐步和国际接轨，这和国内越来越多的科研人员具有国际教育或合作背景以及中国对科研合作的投入的增加有重要的关联。同时，随着科学技术的进步，各个学科领域的研究不断深入，参加同一项研究的学者人数越来越多，也造成了合著论文的比重不断上升。

从科研合作的学科分布来看，我国科技论文中化学合著率最高，达到 93.14%；其次为生物学，达到 90.14%；历来以个人研究为主要形式的数学合著率也超过了半数，达到 52.19%，这已经在科研合作的学科分布中处于最低水平[5]。

这个变化趋势非常清晰地表明了科研团队化的大趋势，因此，研究科研团队是了解和掌握科研活动规律的重要途径。由于科研团队是现代科研活动的主体，这里对科研团队的讨论主要集中在"活动的主体"这个方面。或许可以说，在当代科学研究中，科研团队已经成为科研活动的基本单位，独自研究的科研人员比较稀少。

需要说明的是：所谓团队并不是简单的人的聚合。一群人需要满足以下的条件，才能称为一个团队：（1）团队是由两个以上通常具有紧密关联（从认知的角度看，就是资源的共享和分配达到了足够的程度）的个体所组成的集成体；（2）团队成员具有共同的承诺和目标；（3）团队成员在完成共同目标的过程中相互协作和相互影响，具有一定的角色分工；（4）（非必须）通过团队成员的合作，在大多数情况下，能够取得大于成员个人绩效总和的团队绩效。

科研团队具有上述的团队一般特征，也具有其独特性。在日常的场景下，可以不去逐一考察以上的四点标准，而主要依据其功能和形态来识别科研团队。比如，可以把由两个以上研究人员组成，以探索或求解某种科学或技术问题作为共同研究目标，具有一定组织形式、相对稳定、成员相互合作的研究小组定义为科研团队。需要指出的是，研究中对科研团队的定义主要是基于功能和形态，而不在意实体的组织，比如共同负责同一课题的实验室、研究室可以看作是科研团队，实验室内部的课题组或独立于实验室的研究小组可以看作是科研团队，甚至一个研究员带领研究生组成的课题小组也可以看作是科研团队。总体来说，围绕科研项目形成的科研群体比较适合界定为科研团队。

我们把团队层面的心理特征和心理过程称为团队心理。科研团队是科研活动的主体，存在着认知、动机、意志、规范、运行等方面的特征，这些特征都属于科研团队心理。下面将着重从这些方面来讨论科研团队的心理与行为的表现及规律。

3.1.2 科研团队运行概览

科研团队以科研项目为驱动，通常采用"核心组—外围人员"的运作模式。在较大规模的科研团队中常存在着一个核心小组，即使在科研团队因某个科研项目完成而解体后，该核心小组依旧可以存在，但这个核心小组本身并不算科研团队，在没有组建新的科研团队之前，科研核心小组的主要任务是寻找科研项目并申请科研项目立项，当申请科研项目立项成功之后，核心小组着手邀请外围人员组成科研团队。当然也有不存在核心小组的小规模科研团队，当科研项目完成之后，科研团队的形态就解体了。实践中，具体采用哪种模式还依赖于科研项目本身。

关于科研团队的运行，主要讨论以下两个方面的内容：一是科研团队的构建，二是科研团队的动态协调的系统管理。

一、科研团队的构建

科学技术研究的复杂性和开放性决定了科研团队构建的复杂性。组建科研团队并使其成为优秀科研团队必须关注以下六个关键因素：有意义的愿景、有吸引力的目标、人数不多、互补的技能、达成共识的共同方法、相互承担责任。这六个关键因素可以分为三个层次，第一层次是目标导向，包括形成有意义的愿景和有吸引力的目标；第二层次是科研团队组建的内在要求，包括人数和拥有互补技能；第三层次是运作层次，包括拥有共同方法和责任分担。以下对这三个层次分别进行说明。

第一层次：目标导向

有意义的愿景。科研团队的愿景和目标不等同于课题的愿景和成果。共同的、有意义的愿景能确定科研群体的基调和方向。科研团队都是用在工作中形成的一个有意义的愿景来确定方向、激发干劲和决心的。优秀的科研团队都要花大量的时间去努力形成一个取得一致意见的、有意义的愿景，这个愿景既属于群体，也属于群体中每一个个体。这样的愿景既可激发自豪感，也能激发责任心。

有吸引力的目标。具体的目标是科研团队愿景的一部分。把方向性原则转化为可以实施的具体目标，是科研团队发挥愿景对其成员的现实意义的必要的第一步。具体目标规定了科研团队追求的工作成果。

它和整个科研单位的任务以及每个人工作目标的总和是不一样的。具体的目标有助于团队内进行明确的交流和建设性的冲突发展，并把团队的精力持续地集中在可实现的成果上。

第二层次：组建科研团队的内在要求

一个要求是人数限制。这里我们着重讨论的是作为基本科研单元的科研团队。对大科学项目而言，整体团队可以有较大的规模，但大科学的目标一般都会分解成阶段目标和子课题。每一个独立的具有具体任务的子课题项目组，可以认为是基础科研团队。对于这类基础团队来说，这是一个比较实用的原则。数量比较多的人群尽管在规模上有好处，但一个太大的组却通常具有较大的协调成本，对具体可行的事情常常不易达成共识，难以采取有效的行动。对于一个具体子课题来说，10人可能比50人更能成功地处理好成员各自在共同计划等方面的看法差异，并更可能共同为结果负责。此外，人数过多可能会存在后勤方面的问题，如找不到足够大的空间和足够长的时间聚到一起。一般情况下，多于25人的团队很难成为有效的基础团队。

另一个重要要求是团队成员的技能互补。科研团队所需的技能囊括三个层次：专业知识的技能、解决问题和决策的技能以及人际关系的技能。没有具有专业知识的科研人员，科研团队就不能起步，也不可能开展工作。解决问题和决策的技能也是同等重要的，科研团队必须能看到他们面对的问题和机会，对他们必须采取的后续步骤进行价值评估，然后对如何发展做出必要的权衡取舍和决定。人际关系的技能往往是容易被忽视的。没有有效的交流和建设性的冲突，就不可能产生共同的理解和目标；而有效的交流和建设性的冲突又要依靠人际关系的技能，这些技能包括承担风险、善意批评、客观公正、积极倾听等。

第三层次：运作的层面

使用共同的方法。科研团队的工作方法不仅仅局限在研究方法上，还包括有关效率、管理和人际关系等等团队模式的工作方法。实际上科研团队应该投入和他们形成目标一样多的时间以学习、磨合他们的工作方法。团队成员必须在谁做哪几项具体工作、时间表该如何安排、如何做到、需要发展哪些技能等一系列问题上达成一致意见。

相互承担责任。科研团队成员相互承担责任不仅仅是成员个人责任感的问题，而且是成员间的互动问题，是成员对自己和他人作出的严肃承诺，是从责任和信任两个方面支持科研团队的保证。团队人员保证为团队的目标负起责任，与此同时，他们得到对团队各方面工作表达自己意见的权利，也使自己的观点得到公平对待和有益倾听。相互承担责任可以成为一种有用的"试剂"，可以用来检测团队目标的有效性和方法的质量。

二、科研团队动态协调的系统管理

科研团队的运作是一个动态协作过程，有效的动态协调需要从整体上进行系统的管理。系统管理包括宏观和微观层面上的管理：团队资源管理能够从宏观层面上观察和把握科研团队是否有效运作；团队行为管理能够从微观层面上观察和保障科研团队共同工作的有效性。

1. 科研团队资源管理控制

科研团队必须了解自己有什么、有多少可用资源。团队资源管理从整体上把握科研团队运作状况。一个科研团队要想有效运作必须具备四种资源：活力、控制、专业知识和影响力。

活力。观察和管理一个科研团队的资源时，最重要和最应仔细观察的是活力。要了解一个科研团队能支配多少活力，有哪些活力，它们的来源，经过的渠道，有什么阻滞，怎样才能更有效地利用。活力是科研团队最重要的资源，有活力才干得起来，才会有成果。而活力的形式多种多样，有的明显可见，有的则不然。一般可以从主动精神、热情以及关系几个方面判断团队的活力程度，例如科研团队是否有想法、是否有创造性、是否积极思考、成员相处是否融洽、能否相互鼓励等等。

控制。团队的活力需要控制，控制和发挥自己能支配的活力的能力是观察和管理一个科研团队的第二项重要资源。控制包括自我控制，即为了团队和其他成员的需要，保持清醒并控制自身活力和情绪的程度；以及对运作方法的控制，即科研团队为了有效达成目标而管理其运作方法的能力水平。活力和控制需要平衡，只有在两者适当平衡时团队才能很好地工作。

专业知识。一般来说，科研团队都拥有充足的专业知识，反而管理运作方面的知识比较容易不足，后者会使与活力水平相适应的控制程度不够。

影响力。在科研团队决策和贯彻执行这些决策的时候，影响力是科研团队能力的一个关键因素。影响力分为内部影响力和外部影响力。内部影响力包括：哪些人是有影响力的，他们的专业知识跟他们的影响力是否相称等；外部影响力包括：他们在科研团队外部具有怎样的影响力，这些影响力如何影响内部的成员等。

2. 科研团队行为管理控制

团队行为管理是指微观层面上的管理，它是保障科研团队共同工作有效性的工具。科研团队共同工作的有效性可以从以下四个层次上体现出来：程序的层次、结构的层次、行为的层次和社会的层次。团队行为管理也包括这四个层次的内容。由于会议是团队运行的外显形式，上述四个层次都可以在科研团队会议上体现出来。观察一个团队的会议，是了解这个团队运作情况的窗口。因此我们结合团队会议，来讨论这四个层次的内容。

（1）程序层次。科研团队运作的程序层次涉及团队开会讨论问题或日常工作的程序。一些团队可能是一上来就开门见山地讨论问题内容；另一些可能先花点时间研究怎样更好地讨论，比如会议是否确定讨论的目的和期望的结果，对决议过程是否心中有数等。

（2）结构层次。科研团队运作的结构层次涉及团队成员职务上和非职务上的任务结构分配。团队是否使成员在会议上或其他场合上各司其职，团队是否充分有效地使成员最大限度地做出贡献等。

（3）行为层次。这一层次涉及成员在会议上的相互作用方式。特别是团队里不同的成员的发言时间分配是否得当，时间是否得到有效利用。又如开会时大家是否注意听，对别人的观点是否感兴趣，探讨问题是否深入，是否真正了解讨论的内容等。

（4）社会层次。科研团队运作的社会层次涉及团队成员之间的关系，如成员对权力和任务的分配是否满意，成员的向心力和离心力有多大，气氛是相互尊重还是轻视等。

3.1.3　科研团队的绩效

以上介绍了科研团队的运行（operation）。研究团队运行的目的是使得团队能够取得更好的绩效（performance）。团队实际的绩效取决于很多因素，包括资源甚至是运气（用科学一点的说法是成功的概率，在这点上，科学家的认识与普通大众大概没什么不同）等，这些都是很难控制的因素。不过，团队心理因素能够解释很多团队绩效的差异，团队运行的诸多原则的判定实际上是出于管理这些心理因素的目的。

讨论绩效，首先要对绩效的内容有所界定：对一般的团队而言，团队绩效既包括团队产出型绩效（主要是团队的产出，比如产品、方案、设计等成果），也包括团队运行的满意度（成员的工作满意度和服务对象对团队的满意度等），具体从哪些维度来衡量团队绩效取决于团队的类型和需要考核的目标。对于科研团队而言，主要采用产出绩效即其创新成就来衡量其绩效。理论方面，讨论团队绩效的影响因素的理论主要有两个，一般团队绩效理论和科研团队绩效理论。一般团队绩效理论基于组织行为学、社会心理学和管理学理论（特别是社会技术系统理论），提炼了影响团队绩效的可能要素，并且从理论和实证的角度建立了一些典型的研究模型。科研团队绩效理论则是对一般团队绩效理论模型的扩充及实证研究，探讨科研团队绩效形成的特殊性。

　　这些模型从理论和实证角度把团队绩效的影响因素划分为五个相对独立的关键因素：团队成员的个人因素、团队结构因素、团队环境因素、团队过程因素、团队任务因素。其中团队成员个人因素主要考虑团队成员个人的技能、知识、态度和人格等特质，这些因素直接影响到个人在团队中扮演的角色和可能发挥的作用。团队结构因素包括显性的结构要素（如团队规模和团队异质性）和隐性的结构要素（如团队角色分工、团队氛围和团队凝聚力等）。环境要素主要指团队的组织环境，包括组织目标、组织文化、组织资源和团队激励等要素。过程因素主要指团队成员之间的沟通和协作过程，还包括领导过程；有些模型把问题解决和冲突处理过程也作为基本的团队过程，然而，这些过程更适合作为团队沟通、协作过程和团队领导过程共同发挥作用的场景而非基本的团队过程。任务因素包括任务的特征（内容、复杂性等），以及团队为完成特定任务所能获得的支持（资源、外部促进者和培训等）。

　　UNESCO（联合国教科文组织）在 20 世纪 70 年代资助了一项对具有较大差异的欧洲六国（奥地利、比利时、芬兰、匈牙利、波兰和瑞典）的研究团队的比较研究。这项研究在方法上进行了严格的设计，样本量包括来自 6 个欧洲国家的 1222 个研究单元和 11000 多份完整问卷（包括团队领头人、专业人员、技术人员、团队上级和外部人员），从而结论具有较强的说服力，后来关于科研团队绩效的研究很少具有这种样本规模。严格地说，UNESCO 在该项研究中的研究对象是"研究单元"（research unit），即"由专人领导（single leadership）的从事某一特定研究或实验开发项目的科学家和技术支持人员所组成的群体，有时表现为团队（team）"。不过这项研究的发现对于理解科研团队绩效的影响因素有很强的参考意义，研究总结出五类与科研群体绩效显著相关的因素，包括领导力（leadership）、研究单元规模、科学家之间以及研究单元之间的沟通、对科学家的激励，以及任务的规划、配置和执行方式方面的特征。但是没有发现财力、物力因素与科研单元

（包括团队）绩效之间存在显著相关性[6]。

　　近年来，科研团队绩效影响因素问题得到了越来越深入的研究。Walton 研究了信息专家（information specialist）对交叉学科研发团队的重要性，他认为信息专家作为团队中的支持性角色，通过提供专业知识和信息以及参与研究活动的分析、评估和战略规划，有力地促进了团队创新[7]。Wolff（2009）通过访谈和案例研究发现，要构建高效的研发团队，每个团队成员要清楚团队目标和自己在团队中的角色，而团队领导应该视自己为教练，倾听、鼓励、培训和指导团队成员。Taylor等调查发现，清晰而重要的目标、良好的沟通以及管理支持是研发团队获得成功的关键性因素，模糊的目标和团队管理者过多的干预常常导致团队的失败，而培训、奖励和认可并不是影响团队有效性的核心要素[8]。Reagans 和 Zuckerman 从社会资本（social capital）和社会网络（social network）理论出发，分析了团队多样性与团队绩效关系研究中的"悖论"，对研发团队多样性与团队绩效的关系进行了新的实证研究[9]。Yang 和 Tang 从社会网络视角研究了信息系统开发团队的凝聚力（cohesion）、团队结构（group structure）与团队总体绩效的关系，结果发现，团队结构是团队取得好绩效的关键要素之一[10]。Carnicer 等对西班牙的大学研发团队的研究表明：研发团队授权（组织赋予团队的自主权）与团队绩效和组织态度（organizational attitudes）之间存在正相关性，工作相关的社会支持（workbased social support）在调和团队授权对团队生产力的影响中起到积极作用，而工作相关的组织支持（workbased organizational support）有利于调和团队授权对客户服务的影响，公平和团队性别多样性也对工作满意度产生正向影响。

　　综上所述，研究科研团队知识创新问题可以从团队成员个人因素、团队结构因素、团队环境因素、团队过程因素、团队任务因素等入手。已有的研究表明，团队领导、团队规模、团队沟通、团队激励、团队任务特征、团队凝聚力、团队异质性、团队目标，以及团队成员个人目标和团队目标的关系等是影响科研团队知识创新绩效的关键因素。

团队凝聚力、团队目标，以及团队成员个人目标和团队目标的关系等，都是与团队愿景（team vision）密切相关的因素，团队凝聚力在很大程度上取决于团队愿景对团队成员的吸引力，团队目标是实现团队愿景的阶梯，而团队成员个人目标与团队目标的一致程度也取决于团队成员对团队愿景的认同度，同样影响着团队凝聚力。因此，团队愿景是影响科研团队知识创新绩效的基本要素之一。此外，团队规模和团队异质性都属于团队结构因素。可见，科研团队知识创新绩效可能存在下述六个基本要素：（1）团队愿景；（2）团队领导；（3）团队结构；（4）团队沟通；（5）团队激励；（6）团队任务。

根据蒋日富等对中国公立科研机构的调查，人们普遍认为团队领导（82%）和团队愿景（70%）是影响科研团队成功与否最重要的因素；其次是科研项目水平（50%），团队合作伙伴水平（46%），团队信息共享（46%）和沟通水平（46%），科研硬件条件（46%）；然后是科研信息资源（38%），团队成员性格、知识和能力结构（37%），团队激励（36%）；最不重要的因素是团队规模（10%）[11]。据此可以推论，团队领导和团队愿景是当前影响这些团队能否取得高绩效的最主要因素，而团队结构因素（包括团队成员性格、知识和能力结构，以及团队规模）和团队激励因素的影响较小。关于团队结构的因素和先前的结论略有出入，可能的原因是当前的团队主要都已经考虑了这方面的问题，从而使得这个因素不再突出。

那么这些因素之间是怎么相互影响的呢？结构方程分析发现：第一，以科研团队执行科研任务为例，团队成员个人因素（如知识、技能及责任心等）、团队结构因素（如学科背景、能力结构及稳定性等）和团队环境因素（如培训、科研资源及管理层的关心和支持等）对科研创新绩效都有积极作用。团队环境因素更多是通过影响创新有效性的方式影响创新绩效，团队成员个人因素则是通过影响创新效率的方式影响创新绩效，而团队结构因素不仅会对创新效率有影响，而且对创新有效性有显著影响。第二，科研团队作为知识密集型同时又是与创新紧密联系的工作团队，团队内部互动是很重要的。互动因素对科研团队的创新绩效意义重大，不仅影响创新有效性，同时也影响着创新效率，可以说，结构因素和环境因素对创新有效性的影响在很大程度上是通过互动因素实现的，而个人因素和结构因素对创新效率的影响也部分地通过互动因素的中介而实现。第三，科研任务类型在整个过程中起着调节性的作用，即科研团队创新绩效在受团队互动的影响的同时，还受到科研任务类型不同的影响。如果科研任务对创新性要求相对较高、不确定性较强，团队互动因素对科研创新的有效性的影响相对大，而对创新效率的影响小。反之，如果科研任务对创新性要求相对较低则团队互动因素对创新效率的影响较大，即在更大程度上通过提高创新效率来提高创新绩效。

还可以从成员的差异性对团队绩效的影响中看出互动的重要性。

一方面，可以从差异的类型的角度来看团队成员的个体差异对团队绩效的影响。首先，将成员的差异细分为种族、性别、年龄、性格、职业背景、教育背景、价值观等方面，在此基础上再研究各种差异对绩效的影响。一般认为，种族、性别、年龄等表层差异（或称看得见的差异）对绩效有消极作用，因为不同国家、种族、性别、年龄的人在一起工作，往往需要更多的时间来彼此沟通和理解，以更大的耐心来彼此合作，这更可能导致冲突；而职业背景、教育背景等深层差异（或称看不见的差异）对绩效具有积极作用，因为不同的职业背景和教育背景可能为团队贡献更多的知识资源及可选择方案，进而提升决策质量。但是也有例外的情形，如 Kilduff 等的研究显示，深层差异和绩效并没有显著相关 [12]。为了进一步了解差异影响的演进特征，Harrison 等把时间维度引进了差异研究 [13]。他们发现，差异并不是始终以同等程度影响绩效，而是会随着时间的进程而改变。对于表层差异，时间的延长会减弱其消极作用，因为当人们越来越了解对方，就不会简单地以外在的某个特征差异来区别彼此，所以表层差异的作用会被时间冲淡。而对于深层差异，随着时间的增加，彼此对对方深层次的了解会加深，于是就越能发现彼此间的差异，所以深层差异对团队绩效的影响会随着时间的增加而增强。Phillips 和 Loyd 还进一步探讨了表层差异和深层差异的交互作用，并认为只有当表层差异和深层差异相一致时，才会对团队绩效产生正面影响，当不存在表层差异，只存在深层差异时，绩效会比较低 [14]。时间因素的引入，充分说明了个体差异的影响是一个动态过程，从而表明这种影响必然是通过成员互动来实现的。

另一方面，可以在差异和绩效之间插入冲突这一中介变量，通过冲突来探索差异影响绩效的过程机制，以期打开差异与绩效之间关系的黑箱。不少学者采用了"各种不同的差异引发不同的冲突，而不同的冲突对绩效产生不同的影响"这个研究思路。Amason 认为，认识上的差异带来的冲突可以形成一种辩证性互动，因而可以使团队做出更具创新性的决策 [15]。Simons 等的研究显示，与工作高相关的差异所引致的冲突比与工作低相关的差异所引致的冲突对绩效更有益 [16]。Jehn等进一步指出，信息的差异会增加工作冲突，社会群体的差异会增加关系冲突，价值差异会增加工作冲突、过程冲突、关系冲突。此外，在社会群体差异和价值差异小的状况下，信息差异更能增加绩效，信息差异在非常规工作中比在常规工作中更能增加绩效 [17]。Pelled 等则提出了更为完整的分析框架，他们认为认知差异（是深层差异）通常会产生工作冲突，从而对绩效产生正面影响，而人口统计差异（是表层差异）通常会产生情绪冲突，从而对绩效产生负面影响 [18]。这直接表明，个体差异是通过互动来对团体绩效起作用的。

对互动因素的研究，非常清晰地表明了科研团队是一个有机的整体，无论从结构看还是从成果看，都不能把科研团队看作是个体的简单叠加，因此，在科研的微观管理上需要对科研团队的管理投注精力。

3.1.4　科研团队的合作

关于科研团队的合作，主要讨论以下四个方面：一是团队的交互记忆系统，二是团队的共享心智模型，三是团队交互记忆系统和共享心智模型的异同，四是合作网络。

3.1.4.1 团队的交互记忆系统

一、团队的交互记忆系统的理论研究

1. 团队的交互记忆系统及其形成和维护

传统的心理学对记忆的定义限定在个体内部的记忆，聚焦于研究个体记忆的编码、储存和提取过程；而没有把人类借助外部储存媒介（如其他个体、电话号码本、备忘录、档案资料、计算机等）来保存信息的认知过程看作记忆的一部分。但是，从整个人类社会来看，尤其在跨越较大的时空尺度的情形下，信息的保存和信息的传递几乎全部依靠外部存储媒介来完成。如果把记忆过程定义为人对信息的记录、储存和提取的过程，那么人与外部存储媒介的交互则是这个广义的记忆过程中不可缺少的部分。个体利用外部的媒介记录、储存和提取信息的过程称为外部记忆（external memory）。

交互记忆（transactive memory，TM）是在团队合作的场景下外部记忆的具体实现方式之一。Wegner 和 Erber 观察到：在团队中，个体对某些信息的记忆依赖于团队中的其他成员；这个机制使得团队中的每个成员所掌握的信息和知识容量相比于独立无关的个体极大地增加了[19]。据此，Wegner 和 Gold 提出了交互记忆的概念。交互记忆指的是：团队的不同成员对不同的信息进行编码、储存，并通过成员间的交流活动实现信息的检索和共享的群体性认知活动[20]。它通常是在工作团队的运行中伴随着团队成员间频繁而深入的信息交互发展起来的。在工作团队中，当个体了解到其他成员的专长时，获取和编码与专长相关信息的责任就会通过内隐或外显的方式分配给最合适的专长成员，此时交互记忆就产生了。

在一个相对稳定的团队中，交互记忆不是偶发的和零散的，而是存在于相对稳定的知识管理系统中（大部分并不需要一个外显的形

式），是团队知识处理过程的依托。这样的存在于团队成员之间的一种彼此依赖的，用以获得、储存、运用来自不同领域的信息的合作性分工系统可以称为交互记忆系统。

交互记忆中的信息包括每个成员所拥有知识的总和（知识存量）以及关于谁知道什么的共识。当团队成员需要某项信息，但从自己的记忆系统中无法提取或无法精确提取时，他们可以求助于其他对这项信息有专长的成员。这样，每个成员的记忆负荷就减轻了。

一方面，依靠团队的交互记忆系统，团队成员能利用的信息远比独立的个体丰富。另一方面，交互记忆是从团队运行的过程中发展而来的，团队成员通过相互交流来强化各自的记忆，包括个体的专门知识和对其他成员的专长的认识。这两个因素使得由相互信任并且了解各自专长领域的成员组成的团队比由陌生人组成的团队有更好的工作绩效；这个效应体现了交互记忆系统的功效。

那么交互记忆系统是如何运行的呢？如果以目录共享的计算机网络作为类比，交互记忆系统的形成和维护由以下三个相互关联的阶段组成：目录更新（directory updating）、信息分配（information allocation）和检索协调（retrieval coordination）。其中，目录更新过程既是交互记忆系统的形成机制，同时也是其维护机制，其余两个过程则是对既有记忆结构的应用。

（1）目录更新，也称专长再认（expertise recognition）。这是指团队成员了解其他成员的专长领域的过程，但不用具体了解每个领域所包含的确切信息。专长再认过程始于在团队层面上达成有关团队成员专长领域的共识，Clark 称之为共同基础（common ground）。团队成员自团队成立之初即开始持续沟通和交流，并在执行任务的过程中形成共同基础。在目录更新阶段，成员通过逐渐了解其他成员的专长领域而开始熟悉他们掌握的知识。这可以通过几种途径来实现：首先，由团队成员共同协商分配各自负责的知识领域，在达成共识后，每个人都成为各自领域相关知识的储备库；其次，成员用自我报告或分享经验的方法了解自己和其他成员在不同知识领域的相关专长，同时更新自己的知识目录；第三，通过了解团队中谁知道哪个领域的信息来实现，如果某一成员最近使用过某种信息或长期关注该类信息，那就可以推断其对该领域拥有更多知识[20]。

（2）信息分配。这是指团队成员将自己专长领域以外的新信息传递给该领域的专家，即团队内最适合储存该信息的成员的过程。这有助于促进团队内信息和知识的存储。Wegner 和 Erber 的实证研究表明，如果亲密群体里的每个人都记忆有关任务的全部信息，经过一段时间后，他们的记忆会分散化，其信息目录会呈无组织状态[19]。为了减轻认知负担，成员必须尽快地将新信息传递给最合适的人，而不是将信息编码存入自己的记忆中。另外，Krauss 和 Fussell 也认为，在传递信息时，从接收者的角度进行考虑并据此加工信息以利于其理解是很重要的[21]。

（3）检索协调。这是指当成员的个人知识有限而不能完成任务时，他会求助于团队中相关领域的专家成员，检索特定的信息。在复杂而多变的环境中，团队成员通常会遇到陌生的情形，这时，如果成员间关系紧密，那么每个成员至少可以调用两个信息目录来应对。检索协调会简化信息搜索过程，最大化地提高搜索的速度和准确性。借助于"目录的目录"（directory of directories），其作用类似于个人的"认知地图"，成员就能直觉地判断应该找谁获取信息或者直接将任务交由对方来处理[20]。

2. 团队的交互记忆系统的测量

既然交互记忆系统对团队绩效有影响，那么对交互记忆系统的测量就可以作为评估团队绩效的手段。

以往对团队的交互记忆系统的实证研究都是在实验室中针对临时组成的二人团队进行的，研究者用回忆测量法、行为观察法和关于成员专长的自我报告法来测量交互记忆系统。

回忆测量法是通过测量被试及其与同伴一起能回忆起的知识或信

息的数量、内容和结构，来推测交互记忆系统的存在及应用情况。对二人团队中交互记忆系统的研究中，研究者们大多采用回忆法来对比分析不同的组合（亲密/陌生伙伴）在不同环境下学习和回忆单词的任务完成情况。Moreland 及其同事用类似的方法来研究群体中的交互记忆系统，通过分析个人记忆（如成员个人记住的有关任务的各个方面的信息）和集体记忆的范围和内容（如群体能否回忆起相对更多的任务相关信息），并进行对比，即可直接了解团队成员是否将同伴作为记忆外援[22]。

行为观察法是指对被试在实验状态下的行为进行观察和评估的测量方法。Liang 等人用录像的方式把几个团队组装收音机的全过程记录下来，然后观看录像，结合问卷结果，分析判断各组成员是否存在交互记忆系统，并利用其完成任务[23]。Moreland 及其同事通过观察每个小组执行任务的情况，用 7 点量表来评定小组的记忆专业化、任务协调性和任务可靠性这三项内容[22]。

自我报告法也称自陈式问卷，根据被试对反映其经历的某项实验后的想法、感受等各种反应的访谈、问卷或量表的回答，揭示交互记忆系统的存在和表现。研究者用量表直接考察团队成员的知识和信念，如各自的知识结构、对其他成员知识可靠性的信赖程度以及他们协调一致地有效处理知识的情况，以此来了解交互记忆系统。

以上三种方法普遍存在的最大不足之处在于：实验组与对照组的任务相同，解决方案唯一且确定。但现实世界中团队解决问题的方法通常不止一种，而且是不确定的，另外，任务也因为项目和团队的不同而变化。

针对实验室研究方法的不足，人们期望通过现场研究进行弥补。在现场研究中，交互记忆系统的测量方法必须满足两个主要条件：第一，测量方法必须在理论上与 Wegner 和 Gold 对交互记忆系统的定义相一致，即该方法测量的不仅是交互记忆本身，而且还应包括能够体现交互记忆应用的协作过程；第二，测量方法必须适合现场环境，适用于不同的群体和任务。

由于团队的交互记忆系统因团队执行的任务或知识领域的不同而变化，无法在团队间进行对比研究，所以团队心理模型研究中所用的概念地图法（concept mapping）、卡片分类法（card sorting）和多维标度法（multi-dimensional scaling）等方法不能直接用于对交互记忆系统的大范围现场研究。

鉴于此，Faraj 和 Sproull 使用了与交互记忆系统极为相似的专长协调（expertise coordination）概念，包括了解专长成员，哪里需要专长以及运用该专长，即为了管理专长并充分发挥其潜力，团队必须通过专长协调来有效管理其技能和知识互依性 [24]。研究运用自我报告题项现场测量了 69 个软件开发团队，用来衡量既有专长、专长协调及管理协调与团队绩效（包括效力和效率）的关系。由于这些题项独立于任务，研究者就可以进行团队间的比较，而且他们测量的是群体层面认知结构的表征（专长的位置、需要专长的地方和运用专长）——不是结构本身（专长协调），这是测量团队认知这种抽象结构的一种有效方法。同时，由利益相关者（stakeholders）独立地对团队绩效进行评定，这些方法对交互记忆系统的研究具有重要启示。而 Lévesque 等人测量团队成员对专长的自我报告的一致性的方法则适用于考察交互记忆系统中成员对谁知道什么的共识 [25]。

Lewis 在总结回顾以往研究的基础上，分别根据 124 个实验室模拟团队、64 个由工商管理专业学生组成的项目咨询小组以及 27 个来自高科技公司的真实工作团队，严格按照量表开发程序发展出交互记忆系统量表，并证明该量表具有较好的信度和效度 [26]。该研究有三个方面的贡献：第一，通过实验证明专业化、差异化的团队知识，成员对同伴知识的信任和依赖，以及流畅协调的任务过程行为确实能反映交互记忆系统，同时，结果证实采用间接方法测量交互记忆是有效的，这一点对现场研究很重要，因为在很多应用情境下无法直接测量交互记忆；第二，交互记忆系统与成员关于谁知道什么的共识有关，但又不仅限于此，即交互记忆系统一部分是由成员共享的知识组成，另一部分是由成员间互补的差异化专长组成——这使得交互记忆系统区别于关于专长的共享认知，或者是团队心理模型，两者都是基于测量关于专长的共识而得到的；第三，研究揭示了交互记忆系统理论的潜在边界条件，在其成员必须会集并协调各自的知识以完成任务的团队中，交互记忆系统的作用可能最为突出。

3. 影响团队的交互记忆系统的因素

交互记忆系统是在团队活动中产生并发展的。由于涉及多个认知主体的联合，认知主体之间的沟通是必然存在的影响交互记忆系统的因素。沟通的作用在于使得不同的认知主体之间能够实现信息交互，这是团队合作的基础。从沟通达到团队合作，部分是通过交互记忆系统来实现的。沟通对交互记忆系统的作用体现在专长目录的形成和维护、信息分配和协调检索三个方面。

一方面，正是通过沟通，团队成员之间逐渐熟悉和了解，从而实现了专长目录的形成和更新。专长目录形成于团队新组建的时期，Hollingshead 认为，在新组建的团队中，成员有四种沟通形式，即：验证自己起初对其他成员的假设是否正确、更多地了解其他成员的专长、就相关的专长达成共识（将个人与其他成员对某领域的知识进行对比）、明确分配各自负责的知识领域[27]。这四种沟通形式与专长目录的形成过程相匹配。而目录更新也遵循类似的过程，只是导致目录更新的沟通是在团队运行的过程中持续地进行的。

另一方面，沟通对于交互记忆系统的信息分配和检索协调过程也有同样重要的作用。为了解决面临的问题，成员需要讨论并检索相关信息以寻找最佳方案。如果成员在交谈前清楚地了解各自的专长，那么在讨论中涉及的信息量会增加，这也就增大了找到最佳方案的可能性。Orr 通过案例分析指出，通过沟通，团队成员会吸取其他成员犯错误的教训，避免以后犯类似的错误[28]。通过持续的沟通，成员之间会形成群体记忆（community memory），然后在这种群体记忆的基础上分享信息和经验。不过沟通并不是总是有益的，这跟沟通策略与专长目录的一致性有关。Hollingshead 的实验表明：团队的信息分配如果依据成员的专长来分配是有益的；相反，在学习新的信息和知识的过程中的沟通则可能会影响信息分配的过程，从而破坏群体中成员多年相处所达成的默契（即自然地按各自的专长领域来分工记忆信息）[27]。这与 Wegner 的实验结果一致，即外在强加给群体的学习分工安排会破坏他们的默契，从而降低其学习效率[29]。不过，我们认为：这个结论仅适用于问题空间确定的问题解决任务的情形；而对创新性、开放式的任务是不适用的。

除了沟通之外，任务职责对于交互记忆系统也有重要作用。这主要体现在以下三个方面：（1）任务间的内在联系决定了团队成员间的相互依赖程度；（2）对任务分工的理解会影响交互记忆系统的结构；（3）任务的结构决定专长的相互关系以及团队成员之间的关系。对交互记忆系统的早期研究并未明确区分人们的知识和任务职责，只是简单地将任务和专长看作是一一对应的关系；然而实际上任务结构和成员专长的关系有很多的可能性，这种情况是影响交互记忆系统的研究的生态性的一个重要因素。此外我们可以提出"互依性"（即团队成员间相互依赖的程度）这一概念作为理解任务结构和交互记忆系统关系的钥匙。Kelley 和 Thibaut 认为，当个体或共同的产出依赖于集体选择时，就产生了互依性。例如，如果团队中一个成员的工作输出是另一个成员的工作输入，那么团队成员之间就是相互依赖的。互依性与交互记忆两者相辅相成。一方面，互依性程度会受到交互记忆系统发展的影响，因为它会促进持续、能适应的互依性的发展。另一方面，认知互依性（如一致的预期）是交互记忆系统得以产生的先决条件，因为在交互记忆系统中，团队成员之间不仅在知识方面，并且在任务上都是相互依赖的。任务的互依性会推动成员之间以及知识领域之间的相互依赖。

除了沟通、任务职责和互依性外，个体主义/集体主义的文化取向、组织的薪酬和激励体系、团队凝聚力、成员之间的信任、成员的个性特别是团队领导者的个性等一些团队内外因素也可能影响成员的专长知识及成员间的互动，从而影响交互记忆系统，但目前这些影响因素还没有引起研究者的足够重视。

4. 团队交互记忆系统的作用

研究者们普遍认为，交互记忆系统之所以能提高团队绩效是因为它能使成员迅速获得不同领域的专业知识，并且改善知识的整合过程。由于以往对交互记忆的实证研究大多以二人组合为研究对象，其结果并不能直接用于解释现实组织环境中的团队有效性，因此，只有一些关于群体决策的文献能提供间接证据。Littlepage 等人研究表明，作为交互记忆系统重要组成部分的专家再认，会产生更好的群体决策[30]。Henry 的实验研究证明，在群体成员能够明确彼此的专长领域的情况下，会对问题产生共享的表征并提出更佳的解决方案[31]。Littlepage 及其同事发现，群体成员对相关专长的共识会显著影响他们成功解决问题的能力[30]。

另一些研究者则通过调查成员间熟悉程度的作用来推测交互记忆系统与团队有效性之间的关系。Jehn 和 Shah 的研究显示，由彼此更为熟悉的成员组成的团队表现得更好[32]。尽管对此存在其他可能的解释，但 Moreland 认为相互熟悉的成员使得他们有可能了解各自的专长，从而影响团队绩效[33]。Liang 等人在小群体组装收音机的实验中，通过分析成员回忆收音机组装信息的情况、组装过程中所犯错误次数及组装耗时等三项指标，发现成员在一起受训的小组比成员单独受训的小组显示出更高的专业化水平、协调性和可靠性，即成员们更加倾向于各自负责任务的不同方面，能更好地协调彼此的工作并且更信任彼此的专长，因而完成任务的质量更高[23]。而专业化、可靠性和协调性正是交互记忆系统的组成要素。Moreland 及其同事随后的许多实验证实了目录更新、信息分配和检索协调对群体绩效有积极作用[34]。Akgün 等人将新产品开发团队按任务复杂性的高低进行划分，评测任务复杂性在交互记忆系统与项目产出之间的调节作用[35]。结果表明，当任务的完成取决于已经建立的知识体系，并且大部分的项目工作都需参照明确定义的流程时，交互记忆系统对团队学习、新产品进入市场的速度以及新产品的市场表现等项目产出的影响较弱。当项目任务组成要素的重复性低，即团队成员的工作无惯例可循时，交互记忆系统对新产品进入市场的速度和新产品的市场表现有较强影响。非惯例性工作比惯例性工作需要更为社会化的分布式知识网络，因为非惯例性的项目任务组成要素的低重复性使得团队成员必须寻求他人的帮助，以应付不断出现的新信息和新知识。

Weick 和 Roberts 提出集体心智（collective mind）的概念，尽管它与交互记忆系统这两个概念都是关于集体或团队的社会认知过程的，它们关注的却是社会认知过程中不相同但相互关联的方面：集体心智是指一种社会认知系统，在此系统中人们深切关注他们的行动间的相互联系，而交互记忆系统则是一种"编码、储存和检索信息的共享系统"[36]。交互记忆系统为团队提供一个储存和提取信息的共享场所，它是从集体心智中产生而起作用的。Yoo 和 Kanawattanachai 对虚拟团队的实证研究表明，尽管交互记忆系统在团队的生命周期的初始阶段对团队有效性极为重要，但随着团队的不断发展，集体心智对团队有效性的影响会增强，而交互记忆系统的影响将会减弱[37]。

二、团队交互记忆系统对科研团队的影响

团队交互记忆系统是一种知识管理系统，在此系统中，团队成员通过对各自专长领域的相互了解和沟通来增强团队的信息处理能力，它尤其注重分布式专长的利用和整合，这使得交互记忆系统特别适合解释高绩效知识团队如何能够实现其成员的知识对团队绩效的贡献最大化。也许正因为如此，Brauner 和 Becker 提出了交互知识系统（transactive knowledge system）的概念，用以解释在高效的工作团队中成员如何运用其专长和知识[38]。这使得关于交互记忆系统的研究具有了更为明确的管理实践的内涵。首先，管理者要意识到交互记忆系统

的维护和发展对团队完成任务的重要性，应不断加强交互记忆系统的建设；其次，在组建团队时，应更为强调各成员的独特专长领域，挑选那些具有差异化互补性专长的成员；第三，应在一定程度上减少人员流动，保持队伍的稳定性，并促进成员之间建立信任。

实际上，交互记忆系统与团队成员之间的信任和合作性目标导向都具有显著的正相关性，同时交互记忆系统与团队的工作绩效和团队成员的凝聚力也具有显著的正向关系。交互记忆系统的概念为学者研究工作团队的成员互动过程提供了良好的工具，也为组织提高团队绩效提供了新的途径。首先，它可以解释在有效的工作团队中团队成员是如何运用他们的专长和知识的。高效团队中，团队成员分别掌握不同领域的专长知识，这不但减少了知识信息的重复，还有助于整个团队拥有更多的知识，从而提高团队完成任务的能力。其次，交互记忆系统有助于判断团队出现绩效不良的原因并提出解决方案。比如说，当团队出现绩效不良的情况时，可以从团队成员所掌握的专长以及他们之间的信任和协调等三方面进行调查，从而找出问题的根源并对症下药。最后，交互记忆系统有助于从团队组建入手来优化团队的知识运用。比如，挑选具有互补性专长的人组成团队，强调各成员所擅长的不同专业领域，这可以加快交互记忆系统的形成，防止团队出现知识运用不足的问题。

3.1.4.2　团队的共享心智模型

与团队的交互记忆系统并列的，是团队的共享心智模型（shared mental models），这也是颇受关注的一个组织心理要素。共享心智模型有助于提高组织和团队绩效，这样的观念已经有 20 年的历史了。实际上，目前和共享心智模型相关或者类似的概念有很多，比如团队心智模型（team mental model）、共享认知（shared cognition）等等。

要说明什么是团队的共享心智模型，我们先来看什么是个体的心智模型。简单地说，个体的心智模型是个体所构建的认知模型，这个模型是个体对外部现象的系统化理解,这个系统包含了对现状的解释,也包含了对未来发展的预测和信念[39]。在个体心智模型的基础上,由 Cannon-Bowers 和 Salas 等人提出团队共享心智模型[40]。团队共享心智模型指团队成员所共同的心智模型,使得团队成员能够对团队任务的进展形成正确的理解和预期,从而自发地协调自己的行为以适应团队任务的需要。团队的共享心智模型可能是陈述性的,比如与任务相关的事实、数据、概念,也可以是程序性的,如操作序列、操作过程,或者是策略性的,如完成任务的各种策略以及何时采用这种策略的知识。

研究者提出一些可能影响团队共享心智模型的因素,包括沟通方式、任务种类、团队过程行为、团队经验、团队构成、团队成员资格获得方式、团队规模等。Marks 等人发现交叉培训(cross training)有助于共享心智模型的发展,此外共享心智模型和合作(coordination)对团队绩效有交互影响[41]。

共享心智模型在不同的任务中有不同作用。在常规任务中,共享心智模型可以提高成员间协作的效率。具有相似心智模型的团队成员在缺乏沟通时间或者缺乏有效、全面沟通的情况下可以更有效地预测他人的行为并有效地协调自己的行为。共享心智模型具有解释绩效的功能,从共享心智的角度可以对高绩效团队进行解释,比如具有较高心智模型共享程度的专家团队不需要交流就可以及时协调个人的行为以适应队友的需要。研究者认为,当团队成员心智模型共享时,他们就能以相似的方式理解线索,以相似的方式作出和谐的决策并恰当地执行,因此,共享心智模型就可以作为一个有效预测团队效率或执行力的指标,甚至可以作为区分不同团队(特别是专家团队和新手团队)的有效指标,用来预测可能发生的问题以及解决问题的方式。

近来,一些研究更多地将共享心智模型与组织策略等要素联系起来研究。如一项模拟空中管制的实验研究发现,策略的发展和共享心智模型对反思性和绩效间的联系起到了中介作用。Yen 等人利用共享心智模型的概念设计了新的前摄交流沟通策略,改进了已有的模拟任务合作代理模型（Cooperation & Agent in Stimulated Task，CAST）。总之，共享心智模型的研究有助于建立对有效的团队协作的认识，从而改善团队协作。

3.1.4.3　团队交互记忆系统和共享心智模型的异同

交互记忆系统和共享心智模型是研究团队认知的两个关键方面，厘清这两者的异同，有助于理解团队心理的内在规律。

一、差异

下面从三个方面来看它们之间的差异：起源差异、测量差异和导向差异。

1. 起源差异

心智模型的概念来自认知心理学，指的是个体对环境及其所期望的行为所构建的认知模型。它包括个体的认知结构、知识结构或知识库。在一般的人的集合体中，每个成员都有自己的心智模型，因此对同一现象可能有不同理解。如果是在有效的团队中，每个成员对团队成员之间共享的、同时对团队起关键作用的要素以及系统的理解或心理表征拥有共同的认知模型，则团队成员就构建了共享心智模型（shared mental models）。它包含多个层次：一个层次是和团队任务相关的心智模型，如关于设备或技术的心智模型；另一层次是和团队相关的模型，如关于团队其他成员的心智模型和关于团队交互作用的心智模型。也有学者指出，除了成员共享的知识结构以外，共享心智模型还包括成员态度或信念结构的共享[42]。研究发现，共享心智模型使个体形成对团队及其任务的正确解释和预期，有利于成员之间的沟通和协调[43]，进而有助于团队知识利用水平的提高。

如前所述，交互记忆系统（transactive memory systems）起源于社会心理学的研究，它是作为一种群体的信息处理技术和知识协调方式被提出来的[29]，是团队成员之间形成的一种彼此依赖的，用于编码、储存和提取不同领域知识的合作性分工的记忆系统。Hollingshead 认为，在工作群体中，当个体了解到其他成员的专长时，获取和编码与此专长相关信息的责任就会通过内隐或外显的方式分配给最合适的专家成员，此时交互记忆就产生了[27]。换句话说，交互记忆系统由每个成员所拥有的知识的总和，以及对于他人的差异化专长的认识所构成。它主要包含三方面内容：（1）专门化（specialization），即团队成员在处理知识过程中存在的区别化程度；（2）可信度（credibility），即在执行任务过程中，团队成员对彼此专长胜任力的信任程度；（3）协调性（coordination），即团队成员在执行任务过程中互助合作的程度[44]。

也就是说，共享心智模型更强调从信息加工的角度去解释团队的信息交互，是功能性的概念；而交互记忆系统更强调从结构、模块化的角度去解释团队的信息交互，是结构性的概念。

2. 测量方式差异

由于共享心智模型和交互记忆系统的概念渊源不同，两者所使用的测量方法存在较大差异。

目前，对于共享心智模型的研究仍主要从知识结构的角度来测量[45],[46]。虽然它包括成员知识结构的相似性、准确性和分布性等多个维度，但目前的测量还多限于相似性维度。测量方法包括多维标度法（MDS，multi-dimensional scaling）、路径发现法（path finder）、认知地图法（cognitive mapping）等[47]。相关的测量无论是在作业分析还是操作流程的设计上，均针对某一设计好的任务展开，而且不同的任务之间能够相互对比。此外，也有学者采用问卷方法，测量成员对团队作业、作业情境和其他成员行为等的认知，用组内一致性来衡量团队成员认知的一致性[48]。

由于交互记忆系统因团队执行的任务或知识领域的不同而变化，所以共享心智模型研究中所采用的多维标度法、卡片分类法和认知地图法等均不能用于对交互记忆系统的大范围现场研究。[49]以往学者主要采用两类测量方法：一类基于实验室设置[50]，针对紧密群体或临时的二人组合，由研究者用回忆测量法、行为观察法和关于成员专长的自我报告法来测量交互记忆系统。但实验测量中实验组与对照组的任务相同，解决方案唯一且确定，这不符合团队实际[49]。另一类是为解决这一问题，Lewis 所建立的一套具有普适性的交互记忆系统量表[26]。它被后来的研究者广泛采用。但这一量表缺乏针对性。此外，也有研究采用比较严谨的测量方法，将某项工作中所需的专长列出来后，通过比较成员实际的专长和其同事对其专长的认知来测量交互记忆系统[51]。

3. 导向差异

首先，共享心智模型和交互记忆系统在分布式知识的利用方式上有所不同。这也正是以往学者将两者作为两个不同建构的立论基础的原因[51][42]，即共享心智模型强调团队成员知识的整合，而交互记忆系统则强调团队成员间知识的分工。具体而言，共享心智模型的核心理念是建立团队成员对与任务情境有关知识的共同理解，基于这一理念，团队应通过各种途径促进差异化知识在不同成员间的共享和转移，以使成员对团队中的关键要素拥有相似的认知[42]。而交互记忆系统则强调团队知识的分布性，它更注重成员知识的分工而非共享[26]。若成员之间的知识过于专业化，则不利于成员间形成共享的理解。就这一角度来说，共享心智模型和交互记忆系统存在一定的对立。换句话说，团队共享心智模式起着整合性的作用，而交互记忆系统起着分化性的作用。Nandkeolyar 在以上研究的基础上，将共享心智模型和交互记忆系统作为两种不同的信息处理机制进行了阐述。除了整合和分化的差异外，就团队学习来看，交互记忆系统强调以任务为中心的专长学习和对他人专长的识别；而共享心智模型则整合了更大范围内的内容，它不仅关注成员各自行动之间的相互联系，还包括对于团队任务的共享的认知模型[42, 53]。就信息采样和信息处理来看，共享心智模型不仅强调团队成员知识的共享性，而且并不忽略共享所包含的分布性含义[52]。也就是说，这里的共享不仅指共同拥有，还指相互分享（如分担任务）—— 团队成员通过共享与任务相关的知识来协调彼此的行动；而交互记忆系统则更强调团队成员间分布性的信息，它为成员提供了存储和检索彼此信息的场所 [54, 44]。

其次，共享心智模型与交互记忆系统对知识利用取向的差异，影响到它们对团队的作用机理。一方面，共享心智模型是团队成员共享的知识结构，它为团队中各种分布式知识的协作提供了潜在的认知背景。团队成员依赖彼此相似的认知，能够形成一种心照不宣的默契，从而对怎样在复杂、动态、模糊的情境中有效协作形成共同的理解，将个体成员的知识整合为有机的知识体系（白新文，王二平，2004）[43]。另一方面，交互记忆系统更关注成员间角色和责任的不同，它能够使团队获得来自不同领域的多种信息。在交互记忆系统中，当成员由于个人知识有限而不能完成任务时，可求助于团队内相关领域的专家，或者直接将该任务交给对方。这样既避免了知识传递的成本，又降低了每个成员的认知负担，使他们有更多时间从事自己所擅长的工作，进而提高团队工作的效率 [27]。

由此可见，共享心智模型和交互记忆系统存在共享知识还是保持知识差异的分歧。随着团队面临的环境日趋复杂，越来越多的学者开始关注交互记忆系统的重要作用。因为一方面，环境的不确定性对团队所掌握的知识总量及知识转移的速度提出了更高的要求；另一方面，隐性知识的难以表达性和嵌入性使它们很难在团队成员间转移及共享。这些客观条件加大了知识传递的成本，致使单纯依靠共享心智模型所提倡的知识共享已无力应对复杂动态的环境 [44]。近年来，有学者提出，直接转移知识并不是实现分布式知识价值的最优途径，注重知识分工，并在任务分配中由具备相关专长的成员去执行，这样效率会更高。交互记忆系统的研究就提供了这样一种思路。交互记忆系统描述的是一种概括性认知，受限于专业和角色分工的不同，团队成员对于其他成员所擅长的具体工作并不需要实现共享心智模型所提倡的"共享"，而只是明确"谁知道什么"[56]。这样，成员既能在各自负责的任务领域内深入发展，又能获得广泛领域内的专业知识。这比仅依赖成员心智模型的共享更能增加团队中知识的积累，更能适应变化的环境。

综合起来说：共享心智模型着重共享过程，而对心智模型本身的演化较少涉及；而交互记忆系统，则既关注成员间的记忆交互，也关注个体专长知识的发展，因此能够应用于多种团队合作的场景。

二、协同

回顾以往的研究可以发现，共享心智模型与交互记忆系统都与成员为完成任务而组织和获取所需知识的过程有关。虽然两者的作用机理迥异，但在团队的运作过程中，共享心智模型与交互记忆系统既相互补充，又相互促进[37]。众所周知，团队知识不是个人知识的简单相加，要实现对团队知识资源的利用，必须对其进行有效的整合。而这一整合过程离不开共享心智模型和交互记忆系统的协同作用。其中，交互记忆系统是把握团队知识资源的基本框架，而共享心智模型则是整合团队知识资源的有效工具[57]。作为群体层次的认知行为，共享心智模型与交互记忆系统都是为了最大程度地整合和利用团队内部的分布式知识，确保团队成员的密切合作。正是本着这一共同的目标，在知识处理过程中，两者关注的是团队认知中不相同但相互关联的内容[27]。为了达到高水平的团队有效性，团队成员之间必须存在一定程度的知识重叠，而有些知识则需要各个成员独有。共享心智模型主张整合，通过对成员分布性知识的整合来形成对团队关键要素的共同认识[58]；而交互记忆系统则强调分化，通过成员对于谁知道什么及彼此的知识如何匹配的共同认识实现知识协调[59]。在团队知识管理中，整合和分化是两个互补性的过程[60]。分化是为了丰富知识存量，整合则可以激活知识存量，两者有效结合能够最大程度地实现团队知识中所蕴含的价值。

从知识管理的角度看，两者是否匹配对团队协调和知识整合效果有重要影响。当团队成员通过交互记忆系统进行分工，并通过共享心智模型整合分布性知识时，团队的绩效最高。但这是团队知识管理的理想状况，由于两者之间存在一定程度的矛盾，因此在现实中较难达到。

如果团队的共享心智模型发展不完善，即使团队的交互记忆系统较完善，也只能实现知识的共享，而不能实现目标和信念的共享，因而团队协调效果较差。由于共享心智模型尚未建立起来，团队的目标不一致，成员即使了解彼此的专长，也很难保证协调的效果。

如果在团队的共享心智模型较完善，但团队交互记忆系统不完善的情况下，两者的作用效果受到团队所从事的任务特征的影响。若团队从事常规任务，则协调效果较好。因为常规任务有据可依，在朝共同目标努力时，共享心智模型能够对团队协作产生促进作用。若团队从事复杂任务，则共享心智模型完善而交互记忆系统不完善将使团队的协调效果较差，因为成员之间知识重叠过多，团队成员既没有足够的知识胜任复杂的任务，又不知向谁寻求信息帮助。

如果团队中两者发展均不充分，协调效果最差。团队成员对于任务情境既不能形成准确、一致的认识，又无法识别各自的专长，导致团队工作的混乱。

在实证研究中，Nandkeolyar 考察了共享心智模型对交互记忆系统与团队有效性之间关系的中介作用，他发现：高水平的共享心智模型和交互记忆系统，并未带来最优的团队创造力；而当两者水平均低时，团队创造力为最低[83]。此外，他还发现，在交互记忆系统的专门化和可信维度较高时，高水平的共享心智模型并不总能带来高效的团队产出。而在共享心智模型水平低时，高水平的交互记忆系统却能带来高效的团队产出。也就是说，共享心智模型水平低但交互记忆系统水平高时，团队的创造力高。他对此的解释是：高水平的共享心智模型导致成员之间与专长有关的信任度（即交互记忆系统的可信维度）较高，在这种情况下，团队成员过度信赖专家而不能有效参与到建设性的对话中去，从而使得团队的创意减少[62]。

团队的共享心智模型为交互记忆系统的发展奠定了基础。交互记忆系统衍生于共享心智模型中有关团队成员认知部分的内容[42]。交互记忆系统关注对团队成员彼此专长认知的共同理解，这种认知与共享心智模型中的团队成员的心智模型相类似。在团队运作过程中，团队成员要协调一致，必须拥有相似的知识目录并在如何协调各的知识上达成共识[63]。由此推断，若团队成员对于所面临的任务及情境有共享的理解，则交互记忆系统更有效。应该说，共享心智模型有助于成员从团队目标角度理解知识结构，这强化了成员识别他人特定知识价值的能力。因此，Yoo 和 Kanawattanachai 认为，团队交互记忆系统的有效性在一定程度上取决于团队共享心智模型的发展程度[37]。

此外，团队交互记忆系统又为团队的共享心智模型的发展提供了条件。随着团队合作的深入，团队成员对彼此的了解越来越多，他们对于"谁知道什么"的认知也越来越相似。[48]通过运用交互记忆系统进行信息配置和检索协调，团队成员能够更高效地识别谁知道什么，这提高了团队共享心智模型的准确性和相似性[51]。反之，若成员并不清楚其他成员知道什么，团队共享心智模型就无法发展，其作用也会打折扣。因此，共享心智模型的相似性和准确性与交互记忆系统的目录更新、信息分配和检索协调的应用正相关。交互记忆系统在为团队共享心智模型的发展提供条件的同时，使差异化的知识不断转化为共享的知识，这又进一步丰富了团队共享心智模型的内容。

3.1.4.4　合作网络

如前文所述，随着科研任务复杂性的增加，个体组建成团队进行合作越来越重要，科研团队合作逐渐成为创造知识的主要方式之一。在以上数节中，我们描述了团队合作的心理机制，不过由于研究方法、对象以及范围的局限性，这些研究尚不能完全说明科研团队合作的整体面貌，关于团队合作对科研作用的研究不少还依赖于推理和假设。

由于科研合作的特殊性，比如研究者个体对团队并不是非常依赖，个体具有较大的独立性，合作可能并不局限在组织内部，因此，对于每个人的合作情况，并不能通过一个对稳定的小团队的调查来研究。

随着计算机和互联网的发展，大量的信息实现了在线化，使得大规模的信息处理成为可能，特别是与合作有关的复杂网络的理论模型可以轻松地在超大规模的网络中得到检验。在科研领域，借助各大期刊数据库、专利数据库，科研成果中的期刊论文、专利等几乎全部实现了在线化；而科研合作的参与者，也会体现在科研成果的合著署名上，每个科研成果都构建了合作者之间的联结，这些互相联结的合作者组成了复杂的合作网络，构成了对科研合作全貌的描述。

合作网络的研究不同于传统的调查研究或者实验室研究，它可以完全依赖于成果数据库的数据，而且可以涵盖几乎所有的学科领域。另外，还可以按照时间、地域等等来研究合作网络的演化和差异，因此受到越来越多的关注。随着自然语言理解的技术发展，越来越多文献数据库的信息能够被发掘，这就提供给人们越来越丰富的科研合作发展的全貌和演化的描述和洞察。

根据社会网络理论，这些合作网络以动态分工和知识共享为特征，网络节点（Vertex，在图论中称为顶点，即团队内的每个成员）实际上是一个个知识单元。个体在长期的知识和信息积累过程中形成了他们各自的知识体系，现有的知识体系会塑造他们对新知识的搜寻范围和方向趋势，在这种情况下，知识创造是一个"路径依赖"的过程。能否突破受自身知识体系局限的路径依赖，取决于合作者的关系模式是否有助于熟悉彼此的知识专长，从而激发分散化的知识，产生合理的知识流动（flow），最终在团队层面形成真正的知识创造。

有学者发现，合作网络有自己的特征。例如，Newman 研究了1995—1999 年间的 4 个数据库，主要涉及物理学、生物医学、高能物理学和计算机科学领域 [66]。他指出所有这些网络都有平均路径长度（网络中两个顶点之间的距离为连接这两个顶点的最短的边数，所有任意两个顶点之间距离的平均值称为平均路径长度，网络的平均路径长度也称为网络的特征路径长度）小，但集群系数（也称为聚类系数或网络密度，它衡量的是网络的集团化程度，表示网络中的成员间的熟悉程度；聚类系数是指某个顶点与其直接相连的顶点之间实际存在的边数占最大可能存在的边数的比例；网络的聚类系数是指所有顶点的聚类系数的平均值）大的特性。付允等对我国科学学领域的合作网络做了分析，发现无论是整体网络还是小团体网络都具有无标度网络（指少数节点拥有大量的连接，大部分节点之间只有少量连接）特征[67]。Kretschmer 发现论文作者的生产力和论文作者合作网络之间最短距离的相关性，高生产力作者与网络中所有作者之间的平均距离较短，在知识传播过程中影响力最大[68]。合作网络的结构对创造的影响粗略地体现在如下几个方面：

一、科研合作网络的派系数量与知识创造绩效之间存在倒 U 形的关系

派系（cliques）是网络中建立在互惠性基础上的凝聚子群（sub-group），它指团体中的一小群人的关系特别紧密，以至于结合成一个次级团体。对于不同性质的网络来说，派系的定义也不同。比如，可以将派系定义为至少包含三个顶点的最大完备子图（maximal complete sub-graph）：令 U 为无向图 G 的顶点的子集，当且仅当对于 U 中的任意点 u 和 v，（u，v）是图 G 的一条边（顶点之间的联系即称为边，对合著的情形来说，两个作者之间存在共同发表的论文，即认为存在合著关系，也就是他们之间有一条边）时，U 定义了一个完备子图（complete sub-graph）；当且仅当一个完全子图不被包含在图 G 的一个更大的完全子图中时，它是图 G 的一个完备子图且最大，意味着在总图中我们不能向其中加入新的点，否则将改变"完备"这个性质；通俗地讲，就是这个小团体具有一定的"排外"性。

可以把科研团队的整体合作视为一种知识学习和扩散的过程，派系在其中发挥的作用是双重的。知识传播一般通过一对一或一对多的方式进行，无论何种情形，其他成员获取知识的效果取决于两方面：其一，成员能否吸收新知识，如果双方拥有共同语言则有助于加速知识吸收过程的完成；其二，成员是否愿意吸收新知识，如果能对知识价值进行合理判断，则有利于知识吸收的质量。Luo 指出，派系内部表现的是高度信任，而在派系外部则表现的是一般信任。在派系内部，成员之间局部密度很大，彼此建立了基于高度信任的强关系，拥有共同语言，而且传递路径很短[69]。根据路径依赖理论，在这种情况下成员能对知识价值有更加准确的判定。因此，派系内部知识吸收能力和意愿都非常强，在知识传播过程中优势明显。从这个角度看，派系有利于团队的知识创造。但是，对派系外部知识的吸收效果就会逊色不少。长此以往，势必在团队内部产生不平衡，使团队的核心知识只掌握在一小部分人手里，这对团队新的知识创造不利。因此，一个合作网络中的派系数量过多或过少都不利于团队创造高绩效。

二、科研合作网络的最大完备子图比例与其知识创造绩效存在负相关性

派系的数量可以反映合作网络的破碎结构，但是不能说明派系之间是否存在关系。如果不同派系之间联系出现缺失，就会产生结构洞，这将对知识传播产生重大影响。为了衡量一个网络的整体连通程度，我们采用最大子图比例这个指标，即最大完备子图所包含的节点数量占该合作网络总节点数量的比例。当最大子图比例较小时，表明所有派系的内部节点数都较少，在这种情况下，团队内部合作是在少数人之间进行的。相反，如果论文合作都是全员参与的，则此时的最大子图比例最大，扩散的范围最大。我们认为，以三人为限的子图已经是相当稳定的合作关系，过分扩大最大子图比例，效果只能是适得其反。理由如下：第一，每个科研项目都由全体成员参加，固然可以整合所有成员的专长，从而创造更多新知识，但是知识合作不是简单的效应叠加，而是在于关键人的介入。在大型科研项目中，将任务分解给对应的人物，各类子项目多头并进是更常见的做法。第二，在科研发现过程中利用的大部分知识都很复杂，除了做诸如阅读、写作和做实验这些独立工作之外，知识创造还要求团队成员一起经历解决问题的过程，并长时间一起讨论、思考、观察和互动。如果项目动辄需要全员参与，势必在解释与沟通工作上花费更多的时间。因此，当派系规模较小时，会在一定程度上牺牲新创造的知识的质量，但是能增加数量和提高产出速度，从而提升整体知识创造绩效。

三、科研合作网络的网络密度与其知识创造绩效存在负相关性

网络密度已经成为社会网络分析最常用的一种测度，它用于测量网络中节点之间联结的密集程度，也代表团队成员彼此关系的平均强度，团队成员之间互动关系越多，则密度越大。关于网络密度对知识创造绩效的影响，Krackhardt 提出了组织黏性（organization viscosity）的概念，并指出适中的组织密度较好 [70]。而 Sparrowe 的研究结果表示，群体的集中度过高不利于群体的绩效表现。根据 Granovetter "弱联系的优势"理论，高联结密度的团队成员之间的观点、意见往往过于一致，阻碍新知识的产生，从而导致"集体盲思"现象，使知识创造绩效下降 [71]。在科研合作网络中，这意味着发表高水平论文的概率可能会降低很多。此外，在密度较高的网络中，团队成员需要投入大量时间、精力维持这些关系，这对科研工作来说也不现实。

四、科研合作网络的网络中心性与团队知识创造绩效存在正相关性

网络中心性是团队集权的程度，即，互动集中于少数人的程度。大致存在三种关于网络中心性的指标：顶点中心度（centrality degree）、紧密中心度（closeness）和间距中心度（betweenness）。顶点中心度是指与某个顶点连接的其他节点的总数，紧密中心度是指某顶点到其他顶点最短距离之和，间距中心度指所有节点之间的最短路径通过某节点的对数。根据 Wasserman 和 Faust 在社会网络分析方法中给出的群体中心性的定义：确定一个图形中间距中心度最高的某个人，设定他的间距中心度与其程度中心度与其他人间距中心度差距，这个差距代表了群体中心性的值，它也反映了网络中人际联结是否存在分配不均的状况 [72]。如果一个群体的间距中心度很高，这个群体的互动方式是很集权的，几个关键人物实际上就代表了整个群体的互动。合作网络间距中心度低，则代表团队的知识分布广泛。已有研究指出，当共同知

识被多个成员掌握时，不仅有更多的成员可以参与信息加工，而且不参与信息加工的成员也可以提供线索。不过，Rulke 和 Galaskiewicz 指出，网络中心性对团队绩效影响的效果还取决于成员知识的专长程度[73]。就科研合作而言，成员专长领域差异太大，就容易形成信息孤岛。如果关键人员（例如项目负责人和骨干）是在学术领域上造诣颇深的通才型专家，则能将团队孤立的知识串联起来，并引导成员聚焦在特定方向，从而实现类似民主集中的优势。因此，当信息由这些少数关键人员汇集、融合和分散时，将会提高团队整体知识创造的效果。

3.2　科研组织的科研心理学

3.2.1　科研组织和科研组织心理

组织是个体的集合，是团队的上一个层级。组织与团队在性质上有明显的区别。首先，组织的目标抽象，而团队的目标则比较具体，通常以任务形式表现。其次，组织的形态较为稳定且能长期存在，而团队的形态是多样变化的，且通常只在执行任务的过程中存在。在组织内部，通常存在着多个为了具体任务而成立的团队，其具体任务和组织的目标之间存在着抽象的、逻辑上的联系。

构成组织的基本要素包括五个方面：社会实体、人、目标、系统和活动。其中，社会实体是指组织在社会中存在的形态，比如学校、研究院、政党、企业等等，这些组织可以认为是构成社会的单元，并且在社会中产生、演化和互动。人是构成组织的基本元素。目标表明组织对社会的意义，是组织存在于社会的理由，是区分组织和偶然涌现的有一定结构的人群的核心要素。系统是指从结构的、运行的角度看待组织时，组织所表现出的结构性和整体性。组织的活动是组织的内部活动和组织对外互动的总和，通过这些活动可以实现组织的目标。

对组织的心理研究通常关注组织本身（组织气氛、组织文化等等）和成员与组织的互动（组织承诺、工作满意度、评价制度等等）。其中，工作满意度和组织气氛是综合的维度，和其他因素都有关联，从中可以展示组织心理的方方面面。因此，下面我们结合工作满意度和组织气氛来考察科研组织的心理规律。

3.2.2 科研组织的工作满意度

3.2.2.1 工作满意度与绩效

关于科研组织的工作满意度，主要分为两个方面：一是科研组织中的工作满意度与绩效，二是科研组织中成员需求的特征。

一般组织中的工作满意度与绩效

早期的多数学者认为成员工作满意度与绩效之间存在比较简单的因果关系，后来人们称之为"因果关系论"。因果关系论分别有三种观点：工作满意度影响绩效，绩效影响工作满意度，绩效与工作满意度二者之间存在交互作用。

20世纪30年代美国的行为科学家Mayo等人在西方电器公司进行了系列实验（Hawthorne experiment，霍桑实验），结果发现员工产量与工作心态有着重要联系，员工需要的心理满足是提高产出的重要基础[74]。之后，心理学家Herzberg提出了"激励—保健"双因素理论，认为激励因素将引发满意或不引发满意，保健因素将引发不满意或不引发不满意，工作满意度与绩效之间存在着一种基本的关系，即满意导致高绩效，不满意导致低绩效，而没有满意和没有不满将导致一种中性状态[75]。后来，部分学者对此作了进一步的实证研究。Keaveney和Nelson在关于众多工作态度（内在动机、角色冲突、心理退却）交互关系的复杂模型中发现工作满意度对绩效的路径系数为 0.12，而另外一个简单模型的路径系数相对较高，为 0.29，但是相关性仍然不显著 [76]。Shore 和 Martin 用工作满意度和组织承诺对上级评定的工作绩效进行回归，结果发现工作满意度可以解释较多的绩效变异（管理者：$\Delta R^2 = 0.07$，$P < 0.05$；职员：$\Delta R^2 = 0.06$，$P < 0.05$），而组织承诺对绩效变异的解释力却仅为 0.01[77]。

"工作满意度影响绩效"的观点主要是基于社会心理学中态度导致行为、态度预示行为的理论假设。也就是说，当人们对客体评价持赞成态度时，往往采取支持性行为；对客体评价持否定态度时，往往表现出反对性行为 [78]。然而，实践中人们认为满意度决定论关于高满意度导致高绩效的观点过于简化，社会心理学中态度与行为的关系理论很难解释生产领域的有关现象 [79]。

"绩效影响工作满意度"的理论基础是社会心理学的"自我知觉理论"，即认为态度是在行为之后发生的，用来解释已经发生的行为的意义，而不是在行为发生之前来指导行为的。可是，该观点在实践中同样受到人们的质疑。

20 世纪 60、70 年代，Lorrel 和 Potter 综合考察了努力、绩效、能力、环境、认识、奖酬和满意等变量及其相互关系，提出了"绩效影响工作满意度"的观点，认为员工的工作满意度是来自对工作绩效的公平、公正的客观回报，不同绩效带来不同报酬，从而产生不同的满意度。该观点在实践中得到了广大学者的支持。Locke 认为，工作满意度产生于绩效，是员工行为目标与其绩效的函数，同时绩效本身的内在激励特性亦可提高工作满意度 [80]。Deci 和 Ryan 在自我决定理论中指出，工作满意度是工作行为所带来的回报 [81]。Olson 和 Zanna 基于以往社会心理学理论的研究，得出了相同的结论 [82]。Brown，Cron 和 Leigh [83] 的研究证实了绩效对工作满意度的显著影响，而 Behrman 和 Perreault、Birnbaum 和 Somers、Brown 和 Peterson、Dubinsky 和 Skinner 以及 Hampton，Dubinsky 和 Skinner 等的研究则认为绩效对工作满意度没有

显著影响 [84-88]。

部分学者认为，工作满意度与绩效之间没有直接的关系，但是通过工作投入、组织承诺、目标提高等中介变量的作用而产生间接的联系 [89]；另外一些学者则认为，工作满意度与绩效之间有直接的关系，但是这种关联或作用程度受到其他调节变量的影响。实践中很难将中介变量和调节变量区分开来，因此把它们统一称为影响变量或第三变量。目前，西方学者提出了绩效工资（Jurgensen，1978）、分配公平性（Janssen，2001）、自尊心（Garden 和 Pierce，1998）、个体情感（Perrewe 和 Ferris，1999）等大量的影响变量 [90-92]。Podsakoff 和 Williams 通过对大量研究文献的综合分析，发现在工资与绩效相关情况下工作满意度与绩效之间的相关性（平均 $r= 0.27$）明显高于工资与绩效无关情况下二者之间的相关性（平均 $r= 0.17$）。Gardner 和 Pierce 的研究表明，当不考虑自尊维度对工作满意度与绩效的影响时，二者之间具有显著的正相关性（$r= 0.27$，$P< 0.01$）；当考虑自尊维度的影响时，这种显著相关性将不复存在 [92]。

以上的讨论说明，工作满意度对绩效的影响依赖于复杂的心理过程。同样的现象也存在其他影响绩效的变量中。在组织管理中，应当充分考虑到人的复杂性，不能以单一的指标作为管理和决策的依据。

科研组织中的工作满意度与绩效

前人对团队绩效的研究，发现了成员工作满意度和绩效之间的关系。科研组织也同样存在该关系，带有科研团队的特殊性。李晓轩等（2004）以中国科学院的研究单位为对象，研究了科研组织工作满意度与绩效的关系，有如下结果。研究表明，有以下七个影响工作满意度的因素：工作激励、团队建设、以人为本、民主参与、管理水平、园区建设与薪资福利 [93]。这与 Locke 关于工作满意度结构要素的研究结果基本相符，但也显示出较强的科研组织的独特性，比如：在科研组织工作满意度中精神方面维度（"以人为本""民主参与""工作激励"等为代表）更为突显 [94]。

这种独特性可用 Herzberg 的双因素理论来解释[75]。这种理论认为，科研人才更注重激励因素而不是"保健"因素。而科研人员在其创造性劳动过程中，更注重自我价值的实现，更注重成就激励和精神激励。这启示我们，在科研组织管理中，应该持"社会人"的假设甚至是"自我实现的人"的假设，要采用更多的人性化的管理。

另外，值得指出的是，在工作激励、以人为本、管理水平、园区建设与薪资福利五个方面，45 岁以上人员的满意度水平要明显高于 45 岁以下人员的满意度水平，表明年龄对工作满意度有影响。这一结果与以往研究也是一致的。以往多数研究显示，年龄与工作满意度成正相关，随着年龄的增长，人们对工作本身的满意感会增加。研究表明，45 岁以下人员期望值高于 45 岁以上人员是一种普遍现象。在提升科研组织工作满意度时，一方面要关注年轻人，另一方面还要给予正确引导和教育。

通过科研组织工作满意度与科研绩效的回归分析，发现在工作满意度的七个因素中有六个进入回归方程，表明工作满意度对科研绩效存在显著的正面影响，即工作满意度水平越高，科研绩效也就会越高。这与 Keller 等人的研究结果是一致的[95]。可见，关注并提升员工工作满意度，是提高科研组织绩效的一条有效途径。为此，科研组织同企业一样，要开展工作满意度的定期调查，关注科研人员的心理感受，为科研组织提供依据。但是，"民主参与"这一因素没有进入回归方程，这表明，满意度的工作模式维度对团队绩效的影响比较复杂。

3.2.2.2 科研组织中个体需求的特征

工作满意度与绩效有强相关性，那么必须了解工作满意度的基础。满意可为需求的满意。科研团队成员的需求是存在差异的，有研究表明，高级职称的科研人员倾向于成就激励，中级职称科研人员看重工作环境的激励作用，初级职称科研人员较关注薪酬福利。

陈井安和景光仪调查了四川省四家省级研究单位的研究人员，结果表明，科研人员认为能够激励自己努力工作的因素依次是：业务成就（51.13%）、工作环境（48.18%）、薪酬福利（47.17%）、个人成长（44.17%）、工作自主性（27.15%）、领导认可（25.15%）、就业保障（13.12%）和人际关系（7.13%）[96]。刘金英等对某科研单位从事科学研究、科技开发、科技管理在内的150位调查对象进行了问卷调查，运用因素分析法归纳出科研机构科技人才激励因素，主要包括：经济杠杆激励因子、公平竞争激励因子、用人机制激励因子和教育管理模式激励因子[97]。20世纪90年代末，方敏通过对科研机构科技人员的职业声望的调查，指出近十几年来科技人员的职业声望呈下滑趋势，但仍处于高层次的职业声望水平上，科技人员的经济性报酬需要在各种需要中居于最重要的地位，科技人员对于职业发展的需要也处在显著的地位[98]。

对全面情况的分析表明，科研团队成员的需求因素通常可以归纳为10项：经济收入、研究氛围、团队科研项目、团队愿景目标、团队的知名度、单位的知名度、个人发展空间、所在城市的整体环境、家庭因素（住房、子女上学）和团队或单位领导的支持。孟建平等人研究了不同属性的个体在这10项需求上的差异[99]，结果表明：

1. 从性别来看，科研团队男性成员与女性成员的前四位需求因素相同，他们都重视个人发展空间、研究氛围、科研项目和经济收入，但在顺序上男女呈现差异。科研团队男性成员在个人发展空间、研究氛围、团队科研项目、团队知名度、团队愿景目标等需求因素上得分都高于科研团队女性成员，而科研团队女性成员则在经济收入、家庭因素上得分高于科研团队男性成员。另外，在研究氛围和个人发展空间两个因素上，科研团队男女成员的排序正好相反。这说明，男性最关注个人发展空间，女性则首先希望拥有一个好的研究氛围。相对而言，男性较女性重视工作因素，女性较男性重视家庭因素，女性对研究氛围的重视显示她们更重视成员关系的和谐，而且各因素得分中差别最大的因素为团队愿景目标和单位知名度，这显示男性更重视事业和社会地位。

2. 从年龄来看，个人发展空间、研究氛围、团队科研项目和经济收入仍然是科研人员的四个主要激励因素。20—29 岁和 30—39 岁人员都把它们列为前四个重要因素，40—49 岁人员则重视领导支持，用领导支持替代了经济收入而成为前四个因素中的一个。在这些因素中，个人发展空间因素的吸引力随着年龄的增长呈现先明显下降然后小幅上升的趋势，20—29 岁人员对个人发展空间的关注远远高于其他年龄段。这可以解释为年轻个体看重长期发展，在他们的职业生涯初期阶段，他们重视自身能力提升和组织内锻炼的机会。随着年龄的增长，他们能力提升的空间缩小了，对个人发展空间的重视程度降低了。而在 40—49 岁这一年龄段的人员中出现小幅上升的趋势，这与他们在能力得到提升后希望获得更大的工作自主和组织支持有关。研究氛围、科研项目、领导支持、家庭因素的吸引力则随着年龄增长呈现上升趋势。其中，领导支持因素对 40—49 岁年龄段成员的吸引力远远高于其他年龄段，这是因为这个年龄段的科研人员已经能独当一面开展科研，也有着很强的事业心，而其科研活动迫切需要领导者的支持。研究氛围和科研项目因素的吸引力随年龄增长而上升，可能是因为科研人员随着年龄增长，担负的责任更大、考虑的面更广。而家庭因素吸引力随年龄增大而增加，这与科研人员家庭负担随年龄增大而增大有关。

3. 从职称来看，各种职称的科研成员都认为，个人发展空间、研究氛围和团队科研项目是他们很看重的需求因素。在科研团队成员职业发展的过程中，个人发展的机会和科研工作条件是最受关注的。相对而言，副研究员更加关注团队的研究氛围，这可能是由于从副研究员到研究员是一个重要的跨越，在这个跨越过程中需要副研究员切实做出科研成绩，因此虽然他们也关注个人发展，但主要注意力集中在科研工作及研究氛围方面。调查结果还表明，副研究员和研究员都把团队领导的支持视为第三重要的因素，这说明在团队成员职业发展的高级阶段，领导支持对他们的工作具有很大影响。值得注意的是，助理研究员和副研究员都非常关注团队愿景目标，这说明他们把自身命运与团队发展密切地结合起来，多年在团队的投入，决定了他们自身的发展应当就是在现在团队中的发展。最后，助理研究员和副研究员把单位的知名度看得比团队的知名度更重，这与研究员的看法相反。其中可能的原因是对于助理研究员和副研究员而言，他们对团队依赖较小，甚至可能经常变换所工作的团队；而对研究员而言，他们很多是团队的骨干和领导者，会更加关注团队本身。

从以上的分析可以看出，一个有效的激励手段要考虑团队成员的个体差异，而不能简单地一刀切。

3.2.3 组织气氛

关于组织气氛，主要讨论以下三个方面：一是组织气氛的概念，二是组织气氛的维度，三是组织气氛与绩效的关系。

3.2.3.1 组织气氛的概念

组织气氛（organizational climate）的概念最早源于 Tolman 的环境"认知地图"理论，当时把气氛阐释为个体在头脑中形成的对整个组织状态的认知地图[100]。但 Tolman 提出的"认知地图"仅指个体知觉，忽略了组织以及组织中的其他人对所处环境的认知；因此，他所提出的认知地图概念和真正的组织气氛概念并不等同。Lewin 在其著名的"场论"（Field Theory）中第一次提出"心理气氛"的概念，他指出，要了解人的行为，首先要考虑行为发生的"场"（包括人和环境）[101]。他从人和环境动态作用的角度推理，认为组织气氛是个体与组织互动而形成的一种知觉。Litwin 和 Stringer 将共享知觉的概念引入气氛的定义，认为"气氛是工作环境中一组可测量的特性，来自组织成员的共享知觉，该知觉对他们的行为施加持久影响"[102]。Hellreigel 和 Slocum 提出，气氛是组织系统与成员行为的中介变量，具有以下几项特质：1. 是一种知觉反应，基本上是描述性的，而非评估性的；2. 所包含的项目及结构都是属于宏观的（macro），而非微观的（micro）；3. 分析单元是一个组织体系或单位，而非个别员工；4. 不同的成员对气氛的反应不同，其行为也受影响[103]。Reichers 和 Schneider 指出组织气氛是指成员对组织政策、实践和程序的共享知觉，包括正式的和非正式的[104]。气氛的知觉是影响组织中个体行为的关键因素，调节工作环境的客观特性和个体对此的反应[105]。

　　Halpin 最早将组织气氛概念引入学校组织，他认为一所学校给人的感觉各不相同，实质上即是学校气氛有别[106]。Taguiri 和 Litwin 将学校气氛视为一种士气，包含对生态、环境、社交系统、文化等方面的具体描述[107]。生态维度指学校自然和物质的层面；环境包括学校团体和个体之间的社交方面；社交系统是组织中个体和团体之间的一种关系模式；文化是规范、信念系统、价值、认知结构、对人生意义的看法等。Schneider 等人认为学校组织气氛是一种宏观认知，由个人对特殊事件情况以及经验的微观认知，通过在心理层面上的抽象化而形成[108]。Hoy 和 Miskel 认为学校组织气氛的定义是学校团体（包括学生、教师、管理人员）努力协调社会系统中组织与个人各个方面的产物，包括共同的价值观念、社会信念和社会标准[109]。共同的价值观念是对可取的事物的一种认同，如善良、成功、务实等；社会信念是对人及其社会生活的性质的看法，如学生、教师和管理人员相互之间的态度；社会标准是关于在学校中合适举止的一种认同，如有关穿着的规范和反对偷窃的准则等。这一系列的内在特性被称为组织气氛，它把一所学校与另一所学校区别开来，并影响着学校中人的行为。根据 Norton 的观点，在决定一个学校的基本面貌方面，气氛起着直接而又关键的作用[110]。对于学校解决问题的风格，如何建立信任和相互尊敬的关系以及态度和各种观念的产生等，气氛为它们设定了一种基调。Hoy 等人认为气氛是组织内在环境较为持久的特性，通过校长和教师行为的交互作用，影响成员的态度和行为，并可以通过全体教师的知觉加以描述[111]。Hoy 和 Miskel 认为学校组织气氛是代表学校整体氛围的一个概念，是教师和行政管理者通过亲身体验，对日常事务达成共享的知觉，该种知觉影响他们在学校中的态度和行为表现[112]。

任金刚认为学校组织气氛包含以下几方面：1.气氛是成员对工作环境的知觉及描述。2.这种知觉为成员所共享。3.气氛有共同的分析层面。4.具有多维性。5.受文化的影响。6.若针对特定层面，测量会更加精确。[113]曹艳琼认为，学校组织气氛是在学校内部环境中，校长与教师行为交互作用所形成的一种持久性的特质，而这种特质为学校成员所知觉，并影响成员的行为，同时可通过学校成员的知觉加以描述和测量[114]。马云献在高校组织气氛及其与教师工作绩效的关系研究中，将高校组织气氛界定为教师、管理者与高校环境交互作用形成的一种心理氛围[115]。

综合地说，可以将学校组织气氛界定为学校教师与组织环境之间相互作用而形成的一种主观知觉和描述，作为一个学校的内部特性，影响高校教师的态度和行为。

3.2.3.2 组织气氛的维度

下面分别说明企业组织气氛的维度和学校组织气氛的维度。

一、企业组织气氛的维度

随着研究的深入，学者们逐渐认识到组织气氛并不是一个单维的结构，而是由几个维度构成的。Litwin等人的研究指出，组织气氛由以下9个核心维度构成，它们分别是：结构——指上级将工作程序和工作方法进行规范程度；责任——指员工所感知到的工作自主性，即无须上级批准程度；报酬——指员工在组织内获得升职和报酬的公平程度；风险——指组织对员工敢于挑战、勇于冒险的鼓励程度；温暖——指组织对员工关心体贴的程度；支持与信任——指组织鼓励内部员工在工作中相互帮助和支持的程度；行为标准——指员工对工作目标重要性的认识程度；冲突——指组织鼓励公开困难，并听取员工意见的开放程度；认同——指组织对员工身为组织一分子的强调程度[102]。

Campbell 等人曾对已有的气氛量表进行过回顾与综合，发现有 4 个因素贯穿于所有的研究之中，为此他们提出了以下 4 个核心维度：个体的自主性——包括个人责任、动机的独立性和涉及个体积极性和主动性机会的因素；工作结构——指上级对下属设定和传达工作目标和工作方法的清晰程度；奖励指向——包括奖励因素、一般满意因素、提升和成就指向；体谅、关怀和支持——指上级对员工的支持和鼓励，同事之间互相关心的关怀气氛。

Koperlman、Brief 和 Guzzo 在以上 4 个核心气氛维度的基础上又提出了以下 5 个核心维度，作为组织气氛的共同元素：目标指向——指员工对任务结果和完成任务标准的了解程度；手段方式指向——指员工对他们在工作中应该使用的方法和程序的了解程度；奖励指向——指员工对组织奖励制度的了解程度；任务支持——组织为员工提供工作所需材料、设备、服务等其他资源的程度；社会情绪支持——指员工受到的情感关注程度[116]。

Hart 通过研究得到组织气氛的 6 个维度，他们分别是：赞扬与承认——指组织重视员工工作及行为并对其肯定的程度；目标一致性——指组织目标与员工个人目标一致的程度；角色清晰——指组织内部责任明确、员工职责清晰的程度；领导支持——指领导对员工工作支持关心的程度；参与决策——指员工有机会参与组织相关决策的程度；职业发展——指组织对员工培训、提升及发展重视的程度。

Stringer 发现，能够根据以下 6 个明确的维度对气氛进行描述和测量：结构——反映了员工对于良好管理、明确的角色定义和责任的感受；标准——测量为了提高绩效而感受到的压力，以及鼓励员工做好工作的程度；责任——反映的是员工成为主人翁的感觉；认知——显示的是员工对于成功完成工作的奖励的认知；支持——反映的是工作团队获得成功所需的信任和相互支持；承诺——反映的是员工从属于组织的自豪感和对于组织目标的承诺[117]。

冯文侣和郭谨波（1997）编制了适合中国工业企业的组织气氛量表，共包含12种组织气氛维度，分别是：温暖与支持、质量意识、工作自主性、奖励指向、目标明确性、工作压力、工作结构化、职业发展前景、关系取向、正规化程度、支持革新和管理效率[118]。

二、学校组织气氛的维度

一些学者专门针对学校组织气氛维度进行了研究。Halpin 和 Croft 等人认为学校组织气氛是校长行为和教师行为的交互作用的结果。他们以小学为研究对象开发了一套学校组织气氛描述问卷（OCDQ，Organizational Climate Description Questionnaire），共分为8个层面：其中涉及校长行为的有4个维度，即疏远、强调成果、以身作则和关怀，涉及教师行为的有4个维度，即离心、阻碍、士气和亲密[119]。Hoy 和 Hoffiman 等人（1996）在修订 OCDQ 的基础上，开发出了 OCDQ.RE（中学版）问卷，包含6个要素，校长行为和教师行为各有3个层面。校长行为包括：支持行为、监督行为和限制行为[120]。其中，支持行为（supportive behavior）是指校长对教师表达真正关怀和支持的程度。如校长能倾听教师意见及接纳教师建设性的建议，时常表扬教师并尊重教师的专业能力，给予教师建设性的批评，关心每一位教师的个人情况和工作情况。监督行为（directive behavior）是指校长为了实现组织的目标、完成组织的任务而进行工作导向，对所有的教师及学校活动，经常保持严密的监督与控制，而且无论大事小事都要亲力而为，做出表率。负性的限制行为（restrictive behavior）是指校长交给教师许多与教学工作无关的各种文书或其他行政事务，以至于形成教师的工作负担，影响其正常的教学工作。教师行为包括：同事行为、亲密行为和疏远行为。其中，同事行为（collegial behavior）是指教师之间的相互支持和专业上的互动行为，教师以学校为荣，喜欢与同事一道工作，并且尊重同事的专长。亲密行为（intimate behavior）是指教师无论在校内或校外，都能建立起密切的情谊，彼此了解和信任，相处融洽，并能互相给予支持和协助。负性的疏远行为（disengaged behavior）是指教师对同事和学校保持生理与心理的距离，没有共同的目标，对教学工作缺乏兴趣和投入，而且表现出消极批评的行为。Likert从"管理四系统"理论出发，编制出测量学校组织气氛的问卷（POS，Perceived Organizational Support），其中共包含7个维度：领导过程、激励力量、沟通过程、互动影响、决策过程、目标设立过程和命令、控制考核过程；该问卷较多情况下用于测量中学组织气氛。Dellar以4所中学为研究对象，在对影响学校环境因素的研究以及Moos对人类环境分类研究的基础上，开发出学校组织气氛问卷（SOCQ，School Organizational Climate Questionnaire），认为学校组织气氛包括承诺、工作投入、参与决策、个体自主性、凝聚力和创新支持[121]。Hoy和Tarter等人将组织气氛概念扩展到高校组织中，并开发出了简略的高校组织气氛指标（OCI，Organizational Climate Index），从4个方面测量学校气氛：环境压力、高校领导作风、教师职业行为和成就压力[122]。Hoy等人编制的组织气氛指标量表，包括4个分量表，即管理体制分量表、领导行为分量表、教师行为量表和成就压力分量表。这个量表主要用于测量高等学校的组织气氛[123]。West等人以英国14个高校为研究对象，认为组织气氛包括参与（信息分享和沟通）、工作目标、创新支持、反馈、奖励、职业发展、管理效率、参与决策和规范化[124]。

我国学者程正方等人从校长与教师的关系、教师事业信守、教师团体心理以及教师个体心理这4个方面来描述学校组织气氛，了解北京地区中小学校组织气氛状况，并揭示影响这些学校组织气氛状况的各种因素[125]。潘孝富将中学组织气氛聚类成4个维度：学习气氛、管理气氛、教学气氛和人际气氛[126]。

综合地说，在学术界尚未对企业的组织气氛和学校的组织气氛各纬度达成共识。但学者们通常会将开放性（交流）、自主性（组织支持）和激励（组织评价）等作为学校组织气氛的重要维度。

3.2.3.3 组织气氛与绩效的关系

目前，关于组织气氛对绩效的作用机制有三种主流的理论：主效应模型、缓冲模型和相互作用模型。

主效应模型（the main effect model）认为，组织气氛对一些个体与组织的绩效变量有着直接的增益作用。即组织气氛不仅对个体的行为和绩效有着直接促进作用，也直接影响着组织管理效能与产出的提高。例如，有研究表明，如果员工认知到有更多机会参与决策、信息共享及获得上级支持，其工作效率就会显著提高。Denison 通过对组织沟通、决策行为、工作目标、员工关系、团队建设及上级支持这几个组织气氛维度的测量，得出组织气氛可以较好地预测企业随后五年的经济效益[127]。Capps（1991）的研究认为，组织气氛对工作计划有效性、任务完成率等方面具有明显的预测作用。

缓冲模型（the buffering model）认为，组织气氛是通过影响个体在组织中的行为来对个体及组织的绩效及效率产生影响的。或者说，组织气氛是通过某些中介变量来对个体及组织的结果变量产生作用的。例如，Kopelman 等人通过对目标取向、手段取向、奖励取向、任务支持、社会情绪支持等几个组织气氛维度的探讨，得出组织气氛是通过影响员工工作动机及工作满意度，最终影响个体的工作绩效与组织的总体产出[128]。

相互作用模型（the interaction model）则认为，组织气氛与绩效之间存在相互作用。一些研究结果表明在组织气氛与绩效的关系中，组织气氛既可以是原因变量，也可以是结果变量。Schneider 探讨了组织气氛与绩效的关系，认为二者之间存在相互影响：一方面组织气氛对绩效会产生影响；另一方面，绩效也会对组织气氛产生反作用。他的最近一项研究结果表明，组织气氛中的职业发展与工作自主维度对工作任务的完成具有促进作用，同时工作效率的提高又对组织气氛产生积极影响[129]。West 等人的研究中也指出组织气氛与绩效之间存在相互影响，即在二者的关系中，组织气氛既可以作为原因变量，也可以作为结果变量[124]。

对于高校的具体情况，目前已有的研究给出如下结果：

1. 高校组织气氛中的"学术交流"、"激励"、"支持"和"工作自主"维度对教师科研绩效均有正向的影响作用。其中，"学术交流"对教师科研绩效的影响作用最大。

学术交流对教师科研绩效有正向影响作用，这表明：（1）学术交流频繁、学术水平高有利于教师把握学术前沿动态，形成好的学术思想，更好地认识自己的科研工作；与不同学科和专业、不同学术观点的人进行广泛的合作交流，有利于教师思维的扩展。（2）高校学术团队建设得越好，越有利于教师科研绩效的提升。好的学术带头人和学术骨干能带领学术团队进行高水平的学术交流，起到很好的指导作用；注重培养团队创新精神，鼓励自主创新，使学术团队充满生机与活力；勤奋、严谨求实、锲而不舍、积极探索等优良学风对整个学术团队有着很好的影响；年龄、职称、知识、学历等方面的结构合理，使学术团队持续健康地发展，并满足跨学科的科研项目工作需要。

高校对教师科研工作的激励程度越大，越有利于教师科研绩效的提升。Russell 等人的研究表明：同样一个人，在接受激励后发挥的作用相当于激励前的 3—4 倍。尤其是高校教师，其劳动具有自主性很强的特点，这样激励就更重要了。高校对教师在工作和社会情绪方面越支持，越有利于教师科研绩效的提升。高校为教师的科研工作提供硬件支持，例如实验室、机器设备等，满足教师科研工作的条件；以及为教师提供生活等方面的保障，如为教师提供良好的住房条件、社会保障等，为教师免除后顾之忧，使他们可以全身心地投入科研工作[130]。

高校教师自主性程度越高，教师科研绩效越好。高校教师整体素质较高，有较强的能力和自信，从事的大多为创造性劳动，他们依靠自身拥有的专业知识，运用头脑进行创造性思维活动，并不断形成新的知识成果。因此，高校教师更倾向于拥有宽松的、高度自主的工作环境，注重强调工作中的自我引导和自我管理。给予高校教师高度自主的工作环境，有利于其科研绩效的提升。

2. 高校组织气氛中的"工作压力"维度对教师科研绩效有负向的影响作用。

研究发现，工作压力对工作绩效存在双重影响。Amabile 研究发现，虽然工作压力被认为会破坏创造性行为，但是如果工作压力具有时间紧迫性和挑战性，将会对创造性行为产生正向的影响，这里的挑战性必须是预期能够完成的难度。因此，Amabile 将压力分为两种：一是过度的工作压力；二是具有挑战性的工作压力[131]。前者对创造性行为产生负向影响，而后者对创造性行为产生正向影响。从我国的情况来看，在一些高校，工作压力对教师科研绩效产生了负向影响，说明现在这些高校中的教师承受了过度的工作压力。工作时间长，在规定时间内要完成大量的任务，教师之间的竞争激烈等，都会给教师带来很大的压力。相关的高校应该将过度的工作压力转变为具有挑战性的工作压力，给予教师能力范围内的任务，使教师有效地发挥自身能力，提高教师的科研绩效。

参考文献

[1] de Solla Price D J，Beaver D. Collaboration in an invisible college.[J]. *American Psychologist*，1966，21（11）：1011.

[2] Meadows A J. 5 – Summary of Some of the Results obtained at Cocanada，during the Eclipse last August，and Afterwards. A letter from P. J. C. Janssen to the Permanent Secretary[J]. *Early Solar Physics*，1970：117-118.

[3] Glänzel W，Schubert A，Czerwon H J. A bibliometric analysis of international scientific cooperation of the European Union（1985–1995）[J]. *Scientometrics*，

1999，45（2）：185-202.

[4] 朱丽波. 从科学计量学角度看近十年中国科技合作态势 [J]. 情报杂志，2015（1）：116-121.

[5] 邹苗. 不同学科科研合作规律对比研究 [D]. 华中科技大学，2011.

[6] Andrews F M，Aichholzer G. *Scientific productivity，the effectiveness of research groups in six countries*[M]. Cambridge University Press，1979.

[7] Walton K R，Dismukes J P，Browning J E. An Information Specialist Joins the R&D Team[J]. *Research-Technology Management*，1989（5）.

[8] Taylor G L，Snyder L J，Dahnke K F，et al. Self-Directed R&D Teams：What Makes Them Effective? [J]. *Research Technology Management*，1995，38(6)：19-23.

[9] Reagans R，Zuckerman E W. Networks，diversity，and productivity：the social capital of corporate R&D teams[J]. *Organization Science*，2001，12(4)：393-521.

[10] Yang H L，Tang J H. Team structure and team performance in IS development：a social network perspective[J]. *Information & Management*，2004，41（3）：335-349.

[11] 蒋日富，霍国庆，谭红军等. 科研团队知识创新绩效影响要素研究——基于我国国立科研机构的调查分析 [J]. 科学学研究，2007，25（2）：364-372.

[12] Kilduff M，Angelmar R，Mehra A. Top Management-Team Diversity and Firm Performance：Examining the Role of Cognitions[J]. *Organization Science*，2000，11（1）：21-34.

[13] Harrison D A，Price K H，Bell M P. Beyond Relational Demography：Time and the Effects of Surface- and Deep-Level Diversity on Work Group Cohesion[J]. *Academy of Management Journal*，1998，41（1）：96-107.

[14] Phillips K W，Loyd D L. When surface and deep-level diversity collide：The effects on dissenting group members ☆ [J]. *Organizational Behavior & Human*

Decision Processes, 2006, 99（2）: 143-160.

[15] Amason A C. Distinguishing the Effects of Functional and Dysfunctional Conflict on Strategic Decision Making: Resolving a Paradox for Top Management Teams[J]. *Academy of Management Journal*, 1996, 39（1）: 123-148.

[16] Simons T, Pelled L H, Smith K A. Making Use of Difference: Diversity, Debate, and Decision Comprehensiveness in Top Management Teams[J]. *Academy of Management Journal*, 1999, 42（6）: 662-673.

[17] Jehn K A, Northcraft G B, Neale M A. Why Differences Make a Difference: A Field Study of Diversity, Conflict, and Performance in Workgroups[J]. *Administrative Science Quarterly*, 1999, 44（4）: 741-763.

[18] Pelled L H, Eisenhardt K M, Xin K R. Exploring the Black Box: An Analysis of Work Group Diversity, Conflict, and Performance[J]. *Administrative Science Quarterly*, 1999, 44（1）: 1-28.

[19] Wegner D M, Erber R, Raymond P. Transactive memory in close relationships[J]. *Journal of Personality & Social Psychology*, 1991, 61（6）: 923-929.

[20] Wegner D M, Gold D B. Fanning old flames: emotional and cognitive effects of suppressing thoughts of a past relationship[J]. *Journal of Personality & Social Psychology*, 1995, 68（5）: 782.

[21] Fussell S R, Krauss R M. Coordination of knowledge in communication: Effects of speakers' assumptions about what others know.[J]. *Journal of Personality & Social Psychology*, 1992, 62（3）: 378-391.

[22] Moreland R L, Myaskovsky L. Exploring the Performance Benefits of Group Training: Transactive Memory or Improved Communication? [J]. *Organizational Behavior & Human Decision Processes*, 2000, 82（1）: 117-133.

[23] Liang D W A O. Group versus Individual Training and Group Performance: The

Mediating Role of Transactive Memory.[J]. *Personality & Social Psychology Bulletin*, 1995, 21（4）: 384-393.

[24] Faraj S A. *Coordinating expertise in software development teams*[M]. *Boston University*, 1998.

[25] Turgeon D, Carrier J, Lévesque E, et al. Relative Enzymatic Activity, Protein Stability, and Tissue Distribution of Human Steroid-Metabolizing UGT2B Subfamily Members.[J]. *Endocrinology*, 2001, 142（2）: 778-787.

[26] Lewis K. Measuring transactive memory systems in the field: Scale development and validation.[J]. *Journal of Applied Psychology*, 2003, 88（4）: 587.

[27] Hollingshead A B. Distributed Expertise and Transactive Processes in Decision-Making Groups[J]. *Research on Managing Groups & Teams*, 1998, 1.

[28] Orr J. Sharing Knowledge, Celebrating Identity: War Stories and Community Memory in a Service Culture[J]. *Collective Remembering Memory in Society*, 1990.

[29] Wegner D M. *Transactive Memory: A Contemporary Analysis of the Group Mind*[M]. Springer New York, 1987.

[30] Littlepage G, Robison W, Reddington K. Effects of Task Experience and Group Experience on Group Performance, Member Ability, and Recognition of Expertise [J]. *Organizational Behavior & Human Decision Processes*, 1997, 69（2）: 133-147.

[31] Henry R A. Improving group judgment accuracy: Information sharing and determining the best member.[J]. *Organizational Behavior & Human Decision Processes*, 1995, 62（2）: 190-197.

[32] Jehn K A, Shah P P. Interpersonal relationships and task performance: An examination of mediation processes in friendship and acquaintance groups.[J]. *Journal of Personality and Social Psychology*, 1997, 72（4）: 775.

[33] Moreland R L. Transactive memory: Learning who knows what in work groups and organizations[J]. *Shared cognition in organizations: The management of*

knowledge，1999：3-31.

[34] Moreland R L，Levine J M，McMinn J G. Self-categorization and work group socialization[J]. *Social identity processes in organizational contexts*，2001：87-100.

[35] Akgün A E，Byrne J，Keskin H，et al. Knowledge networks in new product development projects：A transactive memory perspective[J]. *Information & Management*，2005，42（8）：1105-1120.

[36] Weick K E，Roberts K H. Collective mind in organizations：Heedful interrelating on flight decks.[J]. *Administrative Science Quarterly*，1993，38（3）：357-381.

[37] Yoo Y，Kanawattanachai P. Developments of transactive memory systems and collective mind in virtual teams[J]. *The International Journal of Organizational Analysis*，2001，9（2）：187-208.

[38] Brauner E，Becker A. Beyond knowledge sharing：the management of transactive knowledge systems[J]. *Knowledge & Process Management*，2010，13（1）：62-71.

[39] Rouse W B，Morris N M. On looking into the black box：Prospects and limits in the search for mental models.[J]. *Psychological Bulletin*，1985，100（3）：82.

[40] Cannonbowers J A，Salas E，Converse S. Shared mental models in expert team decision making. In N.J. Castellan，Jr.（Ed.）*Individual and Group Desicion Making：Currency Issues*，Lawrence Erlbaum，2001：221-246.

[41] Marks M A，Sabella M J，Burke C S，et al. The impact of cross-training on team effectiveness.[J]. *Journal of Applied Psychology*，2002，87（1）：3-13.

[42] Mohammed S，Dumville B C. Team Mental Models in a Team Knowledge Framework：Expanding Theory and Measurement across Disciplinary Boundaries[J]. *Journal of Organizational Behavior*，2001，22（2）：89-106.

[43] 白新文，王二平．共享心智模型研究现状 [J]. 心理科学进展，2004，12（5）：791-799.

[44] Moreland R L, Argote L, Krishnan R. Socially shared cognition at work: transactive memory and group performance. In *Social about Social Cognition Research on Socially Shared Cognition in Small Groups*, Sage Publications, 1996: 57-84.

[45] Schuelke M J, Day E A, Mcentire L E, et al. Relating indices of knowledge structure coherence and accuracy to skill-based performance: Is there utility in using a combination of indices? [J]. *Journal of Applied Psychology*, 2009, 94（4）: 1076.

[46] Kellermanns F W, Floyd S W, Pearson A W, et al. The contingent effect of constructive confrontation on the relationship between shared mental models and decision quality[J]. *Journal of Organizational Behavior*, 2008, 29（1）: 119-137.

[47] 何贵兵, 杨琼. 共享心理模型的测量 [J]. 人类工效学, 2006, 12（4）: 39-41.

[48] Levesque L L, Wilson J M, Wholey D R. Cognitive divergence and shared mental models in software development project teams[J]. *Journal of Organizational Behavior*, 2001, 22（2）: 135-144.

[49] 张钢, 熊立. 交互记忆系统研究回顾与展望 [J]. 心理科学进展, 2007, 15（5）: 840-845.

[50] Hollingshead A B. Cognitive interdependence and convergent expectations in transactive memory.[J]. *Journal of Personality & Social Psychology*, 2001, 81（6）: 1080.

[51] Austin J R. Transactive memory in organizational groups: the effects of content, consensus, specialization, and accuracy on group performance.[J]. Journal of Applied Psychology, 2003, 88（5）: 866-878.

[52] Mohammed S, Dumville B C. Team Mental Models in a Team Knowledge Framework: Expanding Theory and Measurement across Disciplinary Boundaries[J]. *Journal of Organizational Behavior*, 2001, 22（2）: 89-106.

[53] Nandkeolyar A K. How do teams learn? Shared mental models and transactive

219

memory systems as determinants of team learning and effectiveness[J]. *Dissertations & Theses-Gradworks*, 2008.

[54] Klimoski R, Mohammed S. Team mental model: construct or metaphor? [J]. *Journal of Management*, 1994, 20（20）: 403-437.

[55] Moreland R L, Argote L, Krishnan R. Socially shared cognition at work: transactive memory and group performance. In *Social about Social Cognition Research on Socially Shared Cognition in Small Groups*, Sage Publications, 1996: 57-84.

[56] Lewis K, Belliveau M, Herndon B, et al. Group cognition, membership change, and performance: investigating the benefits and detriments of collective knowledge [J]. *Organizational Behavior & Human Decision Processes*, 2007, 103（2）: 159-178.

[57] Kanawattanachai P, Yoo Y. The Impact of Knowledge Coordination on Virtual Team Performance over Time[J]. *Mis Quarterly*, 2007, 31（4）: 783-808.

[58] 吴志明, 武欣. 组织公民行为与人力资源管理的创新 [J]. 商业研究, 2006（7）: 105-108.

[59] Lewis K. Knowledge and performance in knowledge-worker teams: A longitudinal study of transactive memory systems[J]. *Management Science*, 2004, 50（11）: 1519-1533.

[60] Ellis A P J. System Breakdown: The Role of Mental Models and Transactive Memory in the Relationship between Acute Stress and Team Performance[J]. *Academy of Management Journal*, 2006, 49（3）: 576-589.

[61] Nandkeolyar A K. How do teams learn? Shared mental models and transactive memory systems as determinants of team learning and effectiveness[J]. *Dissertations & Theses-Gradworks*, 2008.

[62] Tjosvold D, Field R H G. Effect of Concurrence, Controversy, and Consensus on Group Decision Making[J]. *Journal of Social Psychology*, 1985, 125（3）: 355-363.

[63] Rico R, Sanchezmanzanares M, Gil F, et al. Team Implicit Coordination Processes: A Team Knowledge–Based Approach[J]. *Academy of Management Review*, 2008, 33（1）: 163-184.

[64] Yoo Y, Kanawattanachai P. Developments of transactive memory systems and collective mind in virtual teams[J]. *The International Journal of Organizational Analysis*, 2001, 9（2）: 187-208.

[65] Levesque L L, Wilson J M, Wholey D R. Cognitive divergence and shared mental models in software development project teams[J]. *Journal of Organizational Behavior*, 2001, 22（2）: 135-144.

[66] Newman M E J. The Structure of Scientific Collaboration Networks[J]. *Proceedings of the National Academy of Sciences of the United States of America*, 2001, 98（2）: 404-409.

[67] 付允，牛文元，汪云林等. 科学学领域作者合作网络分析——以《科研管理》（2004-2008）为例 [J]. 科研管理, 2009, 30（3）: 41-46.

[68] Kretschmer H. Author productivity and geodesic distance in bibliographic co-authorship networks, and visibility on the Web[J]. *Scientometrics*, 2004, 60（3）: 409-420.

[69] Luo X G, Ma Q, Xie Z. The Organization and Scheduling of Massive Grid Geographic Data. Second International Workshop on Knowledge Discovery and Data Mining, 2009[C].

[70] Krackhardt D. Organizational viscosity and the diffusion of controversial innovations[J]. *Journal of Mathematical Sociology*, 1997, 22（2）: 177-199.

[71] Granovetter M. The Strength of Weak Ties: A Network Theory Revisited[J]. *Sociological Theory*, 1983, 1（6）: 201-233.

[72] Wasserman S, Faust K. Canonical Analysis of the Composition and Structure of Social Networks[J]. *Sociological Methodology*, 1989, 19（1）: 1-42.

[73] Rulke D L, Galaskiewicz J. Distribution of Knowledge, Group Network Structure, and Group Performance[J]. *Management Science*, 2000, 46（5）:

612-625

[74] Mayo E. *Human problems of an industrial civilization*[M]. Macmillan, 1933.

[75] Herzberg F. One more time: How do you motivate employees[Z]. *Harvard Business Review Boston*, MA, 1968.

[76] Keaveney S M, Nelson J E. Coping with organizational role stress: Intrinsic motivational orientation, perceived role benefits, and psychological withdrawal[J]. *Journal of the Academy of Marketing Science*, 1993, 21 (2): 113-124.

[77] Shore L M, Martin H J. Job satisfaction and organizational commitment in relation to work performance and turnover intentions[J]. *Human Relations*, 1989, 42 (7): 625-638.

[78] Eagly A H, Chaiken S. *The psychology of attitudes.*[M]. Harcourt Brace Jovanovich College Publishers, 1993.

[79] Strauss G. Human relations—1968 style[J]. *Industrial Relations: A Journal of Economy and Society*, 1968, 7 (3): 262-276.

[80] Locke E A. Job satisfaction and job performance: A theoretical analysis[J]. *Organizational Behavior and Human Performance*, 1970, 5 (5): 484-500.

[81] Deci E L, Ryan R M. The general causality orientations scale: Self-determination in personality[J]. *Journal of Research in Personality*, 1985, 19 (2): 109-134.

[82] Olson J M, Zanna M P. Attitudes and attitude change[J]. *Annual Review of Psychology*, 1993, 44 (1): 117-154.

[83] Brown S P, Cron W L, Leigh T W. Do feelings of success mediate sales performance-work attitude relationships? [J]. *Journal of the Academy of Marketing Science*, 1993, 21 (2): 91-100.

[84] Behrman D N, Perreault Jr W D. A role stress model of the performance and satisfaction of industrial salespersons[J]. *The Journal of Marketing*, 1984: 9-21.

[85] Birnbaum D, Somers M J. Fitting job performance into turnover model: An examination of the form of the job performance-turnover relationship and a path model[J]. *Journal of Management*, 1993, 19 (1): 1-11.

[86] Brown S P, Peterson R A. The effect of effort on sales performance and job satisfaction[J]. *The Journal of Marketing*, 1994: 70-80.

[87] Dubinsky A J, Skinner S J. Impact of job characteristics on retail salespeople's reactions to their jobs.[J]. *Journal of Retailing*, 1984.

[88] Hampton R, Dubinsky A J, Skinner S J. A model of sales supervisor leadership behavior and retail salespeople's job-related outcomes[J]. *Journal of the Academy of Marketing Science*, 1986, 14 (3): 33-43.

[89] Cohen J, Cohen P, West S G, et al. *Applied Multiple Regression/Correlation Analysis for the Behavioral Sciences*[M]. Routledge, 2013.

[90] Jurgensen C E. Job preferences (What makes a job good or bad?).[J]. *Journal of Applied Psychology*, 1978, 63 (3): 267.

[91] Janssen O. Fairness perceptions as a moderator in the curvilinear relationships between job demands, and job performance and job satisfaction[J]. *Academy of Management Journal*, 2001, 44 (5): 1039-1050.

[92] Gardner D G, Pierce J L. Self-esteem and self-efficacy within the organizational context: An empirical examination[J]. *Group & Organization Management*, 1998, 23 (1): 48-70.

[93] 李晓轩, 李超平, 时勘. 科研组织工作满意度及其与工作绩效的关系研究 [J]. 科学学与科学技术管理, 2005, 26 (1): 16-19.

[94] Locke E A. The nature and causes of job satisfaction[J]. *Handbook of Industrial and Organizational Psychology*, 1976.

[95] Sims H P, Szilagyi A D, Keller R T. The measurement of job characteristics[J]. *Academy of Management Journal*, 1976, 19 (2): 195-212.

[96] 陈井安, 景光仪. 知识型员工激励因素的实证研究 [J]. 科学学与科学技术

管理，2005，26（8）：101-105.

[97] 刘金英，王才鼎 . 科研院所激励机制效果的调查与分析 [J]. 石油科技论坛，2003（4）：66-68.

[98] 方敏 . 科技人员的职业声望 [J]. 自然辩证法通讯，1998（zr）.

[99] 孟建平，蒋日富，谭红军 . 科研团队成员需求特征的实证研究 [J]. 科研管理，2008，29（2）：149-153.

[100] Tolman E C. A behavioristic theory of ideas.[J]. *Psychological Review*，1926，33（5）：352.

[101] Lewin K. *A dynamic theory of personality*：*Selected papers*（DK Adams & KE Zener，Trans.）[M]. New York：McGraw，1935.

[102] Litwin G H，Stringer Jr R A. Motivation and organizational climate.[J]. 1968.

[103] Hellriegel D，Slocum J W. Organizational climate：Measures，research and contingencies[J]. *Academy of management Journal*，1974，17（2）：255-280.

[104] Reichers A E，Schneider B. Climate and culture：An evolution of constructs[J]. *Organizational climate and culture*，1990，1：5-39.

[105] Campbell J J，Dunnette M D，Lawler E E，et al. Managerial behavior，performance，and effectiveness[J]. *Industrial and Labor Belation Relations Review*，1971,24,487.

[106] Halpin A W. *Administrative theory in education*[M]. Macmillan，1967.

[107] Taguiri R，Litwin G H. Organizational climate：exploration of a concept[M]. *Boston*：*Graduate School of Business Administration*，*Harvard University*，1968.

[108] Schneider B，Hall D T. Toward specifying the concept of work climate：A study of Roman Catholic diocesan priests.[J]. *Journal of Applied Psychology*，1972，56（6）：447.

[109] Hoy W K，Miskel C G. The school as a social system[M]. *New York*：*Random*，1982.

[110] Norton M S. What's so important about school climate? [J]. *Contemporary Education*，1984，56（1）：43.

[111] Hoy W K，Clover S I. Elementary school climate：A revision of the OCDQ[J]. *Educational Administration Quarterly*，1986，22（1）：93-110.

[112] Miskel C G，Hoy W K. *Educational administration：Theory，research，and practice*[Z]. New York：McGraw-Hill Companies，Incl，2001.

[113] 任金刚. 组织文化，组织气候，员工效能：一项微观的探讨 [Z]. 台湾中山大学工商学院博士论文，1996.

[114] 曹艳琼. 澳门小学学校组织气氛与教师工作满意度之研究 [D]. 华南师范大学，2002.

[115] 马云献. 高校组织气氛及其与教师工作绩效的关系研究 [D]. 河南大学，2005.

[116] Koperlman B. Guzzo. The role of cli-mate and culture in productivity，[J]1990.

[117] Stringer R. *Leadership and organizational climate*[M]. Prentice-Hall Upper Saddle River，NJ，2002.

[118] 王婧. 高校组织管理气氛与教师工作满意度的相关研究 [D]. 西南大学，2007.

[119] Halpin A，Croft D. The organizational climate and individual value systems upon job satisfaction[J]. *Personnel Psychology*，1963，22：171-183.

[120] Hoy W K，Hoffman J，Sabo D，et al. The organizational climate of middle schools：The development and test of the OCDQ-RM[J]. *Journal of Educational Administration*，1996，34（1）：41-59.

[121] Dellar G B. School climate，school improvement and site-based management[J]. *Learning Environments Research*，1998，1（3）：353-367.

[122] Hoy W K，Tarter C J，Kottkamp R B. *Open schools，healthy schools：Measuring organizational climate*[M]. Corwin Press，1991.

[123] Hoy W K. Organizational Climate Index（OCI）[Z]. Retrieved from www.waynekhoy.com，2003.

[124] West M A，Smith H，Feng W L，et al. Research excellence and departmental climate in British universities[J]. *Journal of Occupational and Organizational Psychology*，1998，71（3）：261-281.

[125] 程正方，唐京，应小萍，等. 校长领导与学校组织气氛：一个相关研究 [J]. 心理发展与教育，1997，2（1）：22-24.

[126] 潘孝富. 中学组织人际气氛结构的验证性因素分析 [J]. 湖南师范大学教育科学学报，2004，5：113-115.

[127] Denison D R. What is the difference between organizational culture and organizational climate? A native's point of view on a decade of paradigm wars[J]. *Academy of Management Review*，1996，21（3）：619-654.

[128] Kopelman R E，Brief A P，Guzzo R A. The role of climate and culture in productivity[J]. *Organizational Climate and Culture*，1990，282：318.

[129] Schneider B. The psychological life of organizations[J]. *Handbook of Organizational Culture and Climate*，2000：17-21.

[130] Russell J S，Terborg J R，Powers M L. Organizational performance and organizational level training and support[J]. *Personnel Psychology*，1985，38（4）：849-863.

[131] Amabile T M. A model of creativity and innovation in organizations[J]. *Research in Organizational Behavior*，1988，10（1）：123-167.

第四篇　社会的科研心理学

社会层面的科研心理学，主要包含了社会因素对科研人员、团队、组织等层面的心理规律和行为的影响。所谓的社会因素，这里主要指科研组织的形态和社会支持以及文化。科研组织的形态和社会支持，会通过影响需求来影响科研人员的心理和行为，而文化则会从个体认知、情绪、社会认知等多方面影响科研人员的心理和行为。

和社会学关心不同现象之间的联系不同，社会的科研心理学更关心由社会因素导致的科研现象在心理层面的原因，即心理因素对社会因素和科研现象之间关系的中介作用，这个中介作用是通过社会因素对个体的心理和群体心理的影响来实现的。

4.1　文化与科研心理

首先是文化对科研心理的影响，科学与文化的关系已经经过至少数十年的广泛讨论。对于中国的科学界而言，这个问题从李约瑟之问开始就被特别重视[1]。

近代以来的中国人面临着"落后的现实"和"辉煌的历史"所造成的认知冲突，这使得中国人在很多领域都去试图找出现实落后的原因，并且去改造它。如果说在别的领域（比如思想、宗教、社会治理等领域）中国是否落后还可以争论，在科技领域的巨大落后就显得无可争辩了。因此，现代科技为什么没能在中国诞生或者当下中国科技为何依然显著落后，成为各类学者普遍关心的话题。

当然，解决这样的认知冲突，除了改造"落后的现实"，还需要对"辉煌的历史"有客观的认知。首先是对古代中国全面领先的看法。古代中国在社会治理、经济、军事上处于领先地位，并不必然意味着在原始的科学领域也处于领先地位。事实上，中国的原始科学领域的著作，充满了诗意的想象而缺少对事实的客观描述，对比同时代的西方著作，很难从中得出中国在原始科学领域领先的判断。很多人拿技术领先的诸多例子来印证古代中国的科学领先是不恰当的。因为与现代科学和技术相互促进不同，古代的技术和科学之间几乎是完全割裂的。古代的技术进步，依赖于经验总结，而不依赖于科学理论。

当然，不论中国的科学是近代以来落后还是自古就落后，"科学上为什么落后"都是值得探讨的问题。之所以要强调问题的本源，就是希望在探讨此问题时，多一点科学的客观，少一点情感的迷思。只有客观，才能够得出有意义的结论，才能真正取得不再落后的结果，如果沉浸在祖上很先进的迷惑中，很可能会使反思失去意义。

当前最普遍的认识，是认为这种落后是由"文化"导致的。"文化"体现了人类生活的方方面面，衣食住行、信仰、思维方式、文学与艺术、政治制度都是文化的载体；这里所讨论的"文化"则是这些载体的形而上的部分，更多地体现了社会成员间共享的价值导向和思维方式。我们首先讨论文化对一般心理过程的影响，然后在此基础上，再结合科学社会学的成果来分析文化对科研心理和行为的影响。

4.1.1 文化与心理

4.1.1.1 文化与执行功能

一、文化与注意

注意属于基础的认知功能，文化对注意的作用，不是改变注意的原理，而在于通过自上而下的过程，调节注意对象竞争注意资源的过程中的进展，从而使得不同文化的个体表现出在同样的注意任务的场景下的差异。

比如区分了"整体思维"和"线性思维"的文化认知理论认为，东方人的认知导向是整体性的，而西方人的认知导向是分析性的。"整体性"是指个体或群体倾向于把目标和背景看作一个整体。这意味着，有这样特质的认知主体，对现象的理解主要从目标与其背景的显性关系出发，同时愿意根据这些关系来预测未来。它依赖于经验间的类比，而不是抽象逻辑，像统计里的回归分析。分析性认知系统的个体和群体则倾向于从背景中分离目标，关注事物的抽象特质，根据这些抽象的特征将事物归类。在此基础上，使用规则（形式逻辑）来解释和预测行为，像基于公理体系的数学和物理学[2]。

造成认知导向的差异的原因，可能是视角的差异[3]。具有西方文化背景的人更倾向于注意目标物体，自然容易形成对目标物体特性的更多了解，因而习惯根据物体的属性进行归类[2]。也正是因为其对目标特性的了解，使得他们容易发现影响目标物体行为的内在规则[4]。正因为他们关注目标的特性，所以在因果归因上容易强调目标属性对目标行为的影响作用，容易导致归因误差[2, 5]。相对来说，具有东亚文化背景的人更倾向于注意背景信息，因为其对背景信息的关注，从而容易发现事物之间的关系和关系的变化[6]。也正是由于他们注意事物之间的关系，因此，在进行归类的时候，容易根据事物之间表面的相似性（类比）而不是事物特征的差异性（分析）进行分类[2]。

以上的分析是文化背景的差异赋予注意对象不同的认知重要性的典型场景，换句话说，抽象的文化差异，影响了注意对象对注意资源的竞争，从而导致了宏观上的文化差异表现。事实上，上述的场景反复被在各类认知场景的实验中被验证。

例如，McKone 等人在实验中向被试呈现 Navon 字母（子字母 T 组成大字母 H 或者是子字母 T 组成大字母 T，如下图所示），并让被试完成对大字母（整体）或者子字母（局部）的辨别任务，结果发现，当辨别大字母时东亚人反应较快，而当辨别子字母时高加索人反应较快[7]。这表明，与高加索人相比，东亚人在物体的整体性加工方面更占优势。与此相似，Lin 和 Han 研究了集体主义文化和个人主义文化条件下被试对 Navon 字母的整体或局部反应[8]。结果发现，与个人自我相比，集体自我个体对字母的整体反应较快。

```
TTTTTTTT
    T
    T
    T
    T
    T
```

对于面孔整体加工的文化差异，Miyamoto、Yoshikawa 和 Kitayama 做了细致的研究[9]。在第一项研究中，研究者先让被试观看四张样本面孔 5 秒时间，然后，向被试呈现两种混合的面孔：特征混合面孔，即分别抽取四张面孔的眉毛、眼睛、鼻子和嘴巴来组成一张新的面孔，构型混合面孔，即保留这四张面孔的整体构型后形成的面孔。此时，被试需要从这两种混合面孔中选出最能代表前面四张样本面孔的面孔。结果发现，日本被试更倾向于选择整体混合面孔。与第一项研究类似，在第二项研究中，研究者先让被试观看四张样本面孔 5 秒时间，然后，向被试呈现特征信息空间距离发生变化的面孔，例如双眼间距增大或缩小。此时，被试需要既快又准确地判断前后两张面孔是否一样，结果发现，日本被试成绩远高于美国被试。这表明东亚人更倾向于对面孔进行整体性加工。

除上面提到的几种刺激材料外，Masuda 和 Nisbett 还采用更为生动的图片来研究东西方人对背景信息的注意差异[10]。实验中，研究者先让被试观看鱼在水中游的场景图，然后让被试对场景中的鱼进行描述。此时，研究者控制了鱼和背景之间的关系：鱼和背景均与先前呈现的图片一致，或者鱼和背景均与先前呈现的图片不一致。结果发现，与美国人相比，日本人在描述先前呈现的图片时更多地报告背景以及事物之间的关系；与新背景中呈现的鱼相比，对先前背景中呈现的鱼，日本人的描述正确率较高。此外，研究者采用眼动技术的研究发现，东方人对背景刺激的注视时间较长；相反，西方人对中心刺激的注视时间较长[11, 12]。这表明与西方人相比，东方人对物体进行加工时，往往把更多的注意放在事物之间的关系上，即从整体上对事物进行加工。但是，这类研究并未得到一致性的结论。有研究发现，在场景知觉过程中，中国人和美国人对中心目标的注视时间都长于对背景的注视[13-15]。这些研究对文化差异可以影响场景知觉过程中的眼球运动控制提出了质疑。由于这些研究与 Chua 等人（2005）研究中刺激的复杂性、中心目标的数目和任务有差异，实验结果不一致的原因有待进一步考察[11]。

不过眼动结果的不确定性，并不太影响这个结论。因为哪怕在基础注意范式——stroop 效应下，也发现了这样的文化差异造成的影响。从广义上来说，Stroop 效应是一个刺激的两个不同维度发生相互干扰的现象[16]。采用 Stroop 效应范式考察东亚人和西方人注意范围的文化差异的研究发现主要包括两方面：首先，东西方文化背景的人对语音和词汇表现出不同的偏好；另外，在经典的颜色单词干扰效应中也出现了文化差异。

Kitayama 和 Ishii 研究了在东西方两类文化下，说母语的人对交流过程中的内容和语气在加工倾向上的差异[17]。首先他们检验了在高语境文化（日本）和低语境文化（美国）中的被试对语言内容和语气两类信息的加工倾向。从语言的角度来看，低语境（low-context）指的是信息主要由语言内容传递；相反，高语境（high-context）指的是信息内容主要由语境和非语言线索传递[18, 19]。该实验采用的是日语和英语中语义与语气不一致的材料。实验分为判断语义和判断语气两种：前者要求忽视表达中的语气去判断它的内容，后者要求忽视内容去判断它的语气。结果发现，在高语境文化中被试倾向于优先理解语气，当被试忽视语气而专注内容时，会产生 Stroop 干扰效应；相反，当他们忽视内容而专注语气时，Stroop 干扰效应显著减小。在低语境文化中被试倾向于优先理解语义，当人们忽视语义而专注语气时，会产生 Stroop 干扰效应；相反，在忽视语气而专注语义时，Stroop 干扰效应显著减小。总之，研究结果表明，高语境文化倾向于优先处理语气语调，而低语境文化倾向于优先处理文字内容。

　　Ishii、Reyes 和 Kitayama 检验了上述研究结果是否适用于其他高语境文化中，并且进一步考察了文化和语言在这种注意偏向上各自的作用[20]。由于菲律宾文化的核心特质是相互依赖和集体主义，而在日常交流中的 Tagalog 和英语是菲律宾人常用的语言，因而，我们可以做出以下预测：如果注意偏向受到语言引导，那么当使用 Tagalog 测试时，菲律宾人会表现出高语境干扰模式；而当使用英语测试时，表现出低语境干扰模式。如果注意偏向主要由与日常交流和沟通相关的文化实践造成，那么无论使用哪种语言，菲律宾人应该表现出高语境干扰模式。研究者让菲律宾大学生（Tagalog-English 双语者）完成 Tagalog 或英语的语义或语气判断任务。结果表明，菲律宾双语者不论用哪种语言都表现出对语音的注意偏向。总之，研究结果表明，这种注意偏差是发生在文化层面而不是语言层面的。

　　另外，Alansari 和 Baroun 让科威特和英国被试完成经典的 Stroop颜色—语词测验[21]，结果发现，英国和科威特学生在该测验上的成绩有显著差异：英国学生在英语单词和颜色命名上比科威特学生更快，比科威特学生更少受到干扰。这可能是因为，阿拉伯语言的单词、拼写和发音与英语不匹配，造成了科威特语被试比英语受试在 Stroop 任务上会受到更大干扰。这一现象更深层的原因可能是文化差异：在独立性文化中（例如西方文化），语言主要是通过语义而不是背景线索传达大量信息；相反，在亚洲，由于依赖性文化和相应语言的使用，通过语义传递的信息比例相对较小，非语言的线索更显著并且更可能具有相对更大的作用 [18, 19]。

为什么文化会造成对注意对象的偏好呢？目前的研究认为是幼儿时期的教育差异造成这种偏好的。最近，Duffy 等人从整体和分析型的知觉发展和文化的角度，检验北美人和日本人注意模式的差异是否与注意策略的发展有关 [22]。研究者采用棒框测验考察了 4 到 13 岁的北美和日本儿童是否出现了分散注意和集中注意这两种注意策略的分歧。结果表明，6 到 13 岁的日本儿童出现以分散注意为特点的相对任务优势，6 到 13 岁美国儿童出现以集中注意为特点的绝对任务优势。但是两种文化的 4 到 5 岁儿童在框线测验中具有相似的表现。研究者假设儿童在 5 到 7 岁的社会认知能力的发展和社会化的经验能促进注意的文化策略的发展。这些结果暗示在 5 到 6 岁的文化实践可能在塑造注意中扮演重要角色，所以，这一阶段是日本和美国儿童文化差异的开始。

事实上，在儿童社会化过程中，父母或者其他养育者会引导孩子形成该文化的特定注意策略，因此，特定文化下的注意策略经过不断的强化与训练，形成了习惯的、自动的无意识过程，被代代承传 [23]。例如，关于抚养儿童的互动风格和信念的文化差异强烈影响了养育者与婴幼儿谈话的结构和内容。当母亲和婴幼儿一起玩玩具时，美国母亲比日本母亲更频繁地说出玩具的名称和它们的属性。相反，日本母亲比美国的母亲更经常地强调玩具与周围环境的关系。美国母亲强调目标的名称可能导致婴幼儿关注目标和对目标恰当的分类，然而日本母亲强调社会实践可能引导儿童注意关系或者目标所在的背景[23]。Tardif、Shatz 和 Naigles 进一步指出，这种语言的使用和交流的实践能引导儿童的注意指向目标（名词）或目标和背景关系（动词）[24]。相比名词，讲中文的母亲使用了更多的动词；而相对动词，讲英语的母亲使用了更多的名词。与母亲的交流一致，讲汉语的儿童使用了相对更多的动词和更少的名词，而美国儿童比日本儿童具有更大的名词词汇量[25]。

在本段的结尾，继续重申一下本段的观点，文化所造成的注意对象指向上的差异，不是来自对注意规律的改变，而是来自文化所导致的自上而下的影响。由此改变了注意对象之间的重要性，从而导致了不同文化背景下个体表现的差异。另外，注意的差异可能恰恰是很多文化的宏观表现的差异的心理基础。

二、文化与工作记忆

工作记忆是执行功能的重要成分之一。文化对执行功能的影响还体现在文化对工作记忆的影响上。一般来说，工作记忆研究并不特别关注种族或者文化，但是既然注意会受到文化的影响（东亚文化注重整体，西方文化注重目标），那么也有理由追问工作记忆是否也会受到文化的影响。比如比较东亚文化个体与西方文化个体，是否会在工作记忆方面表现出"整体导向"和"局部导向"的差异呢？

事实上，不同文化背景的个体哪怕在知觉层面，也和注意的情形一样，存在这种差异。比如，东亚人比西方人更容易产生方向错觉，也就是说东亚人在判断朝向的时候更容易受到环境中其他物体朝向的影响[4]。又如，东亚人也更容易形成大小错觉（对物体大小的判断更容易受到围绕的物体的大小的影响[26]。对于人脸的识别，东亚人和西方人也有所区别，东亚人的注视更多地集中于人脸中央而非对全脸的扫描[27]。在变化盲范式下，东亚人也更容易检测出上下文（或场景）的变化[28]。fMRI的研究表明，在观察背景中的物体时，东亚人客体加工相关的脑区激活更少[29]。

这些发现也和"框—线"测验下所发现的文化差异表现一致。Kitayama 等人发现，在自由选择策略的场景下，东亚人更擅长处理相对判断，而西方人更擅长处理绝对判断[30]。不过在严格控制策略的场景下，Hedden 等人发现，不同文化背景的被试有相同的行为表现。但是从 fMRI 中可以看出，东亚人在绝对判断中需要投入更多注意资源，而西方人在相对判断中需要投入更多注意资源[31]。

但是，工作记忆的研究成果并没有和知觉、注意领域的跨文化结果相对应。由于对被试记忆任务下的表现进行测量的需要，测试材料都较简单，较难体现出文化的影响。由于工作记忆中的信息可以分成"语义信息"和"视觉空间信息"两部分，我们分别进行讨论。

对于视觉空间信息而言，信息加工速度和工作记忆都表现出跨文化的一致性。Geary 等人以及 Hedden 等人的研究都发现，中国和美国的不同年龄段的被试都没有表现出差异[32, 33]。

语义记忆任务中更容易发现文化的影响。比如 Stigler、Lee 和 Stevenson 以及 Chen 和 Stevenson 发现，相比英语人群，中文人群有更大的数字记忆广度[34, 35]。Chincotta 和 Underwood 甚至发现，在六种不同语言的人群对比中，中文人群拥有最大的数字记忆广度[36]。中文人群的优势，主要原因在于中文的数字发音更短，从而有更高的复述效率，比如 Cheung 和 Kemper 就发现中英双语者也表现出对中文数字有更大的记忆广度[37]。

不过，需要特别指出，这样的差异主要体现在年轻人群体而非老年群体中。Hedden 和 Park 以及 Park 等人指出，神经系统的退化可能影响了老年群体在高认知负荷的任务中，对知识和策略的使用[38, 39]。

虽然在基础的工作记忆方面，拥有不同文化背景的个体并没有非常明显的差异，但是在不同任务中，个体对工作记忆的应用却表现出非常典型的文化差异，Imbo 和 LeFevre 发现，加拿大被试和中国被试在解决复杂的算术问题时都需要依靠语音记忆（phonological memory）和视觉空间记忆（visual working memory）[40]。但是对于中国被试来说，算术问题呈现的方式和执行方式影响了工作记忆的负荷 [41、42]。比如刺激或操作以垂直呈现时，中国被试表现出相比水平呈现时更高的工作记忆（语音或视觉空间）负荷，而加拿大被试则不受呈现方式的影响。这是因为中国被试拥有相对更高的算数水平，在执行算数任务时，主要调用工作记忆的"存储能力"而非"执行能力"，从而整体任务表现受到干扰"存储能力"的因素的影响；而加拿大被试，执行算术任务的瓶颈主要是"执行能力"而非"存储能力"，从而整体任务表现反而不受影响。

4.1.1.2　文化与问题解决

我们在复杂问题解决（Complex Problem Solving）的框架下讨论文化对问题解决的影响。所谓 CPS 是通过计算机模拟日常问题的情景，比如包含特定问题的微型世界（mirco World），让被试在实验控制的条件下操作。CPS 具有复杂性（complexity）、动态性（dynamic）以及模糊性（nontransparency）的特点。

接下来通过两个例子（WINFIRE 和 COLDSTORE）来说明 CPS 的特点。

在 WINFIRE 任务中，被试的角色是消防队长，任务是在森林大火中保护城市以及扑灭已经发生的火灾 [43]。被试会在屏幕上看到森林、三个城市、消防车、直升机、水渠和水泥地，其中被试能控制的是消防车和直升机。最终将剩余森林的数量作为任务绩效的评判标准。WINFIRE 具有较高的复杂性（系统中含有众多变量，被试对 12 个对象拥有至少 4 种可选操作，任一时刻有 312 种选择）和动态性（系统按非线性的方式发展，即使没有用户操作，起火情形也会自发变化，比如 11 分钟内会有 15 次程序预先设定的火情）以及中等的模糊性（系统中的变量相互独立，被试无法知道何时何地会发生火情，也不知道火情会如何发展）。

在 COLDSTORE 任务中，被试的角色是超市经理，由于自动温度调节的装置坏了，被试需要手动调整冰柜的温度到目标温度以防止食物变质^[44，45]。用户可以在 0—200 的刻度范围内输入命令以控制冰柜实际温度，温度需要达到 4 度，越接近越好。COLDSTORE 具有较低的复杂度（只有很少的变量，被试也只有 1 个可选操作），中等的动态性（实际温度以非线性和延时的方式对用户的操作进行响应）和较低的模糊性（实际温度对用户操作的响应是延时的）。

被试在 CPS 中表现出的差异一般与策略有关。首先，CPS 的绩效和智商得分无关。最初，研究者希望通过比较控制绩效好与差组在智力分数上的差异，得出智力的某个方面对控制绩效的影响。但是研究发现模拟情境中的绩效和智力测验分数相关性很低，甚至和任何标准的心理测试不存在相关性。而当系统不存在模糊性时，绩效和智力就有一定的相关性（Dörner 和 Wearing，1995）^[46]。

其次，CPS 的绩效和"启发能力""知识能力"无关。起初，Dörner（1995）认为被试的"启发能力"在系统控制过程中起着重要作用^[46]。他将"启发能力"定义为人们对处理新情境能力的自信度。研究发现具有较高启发能力的被试在 Moro 情境中的绩效较好。不过，Strohschneider 和 Guss（1999）将来自大公司的管理者作为高启发能力的群体，而将心理系学生作为低启发能力的群体^[47]。结果发现两组绩效差异不是很显著，只是管理者的绩效略微好些。他们提出影响绩效的不是被试的启发能力而是情境能力（即知识经验），因为模拟情境（如 Moro 和 Lohhausen）至少体现了现实系统如国家或城镇的一些特征。其实，早先 Brehmer 和 Dörner 就发现选择心理学大学生与学习发展国家农业和经济的学生作为被试时，仅在开始阶段的确由于知识能力产生了差异，但从整个过程来看两组的绩效没有差异^[48]。具有高知识能力的被试并没有表现出高启发能力，他们没有在决策前了解前次决策的效果，忽视了关键变量的发展。

进一步分析发现这些不是由两个群体的知识差异造成的，而是因为他们处理任务的方式（即策略）不同：管理者做较少的决策，在做决策前收集较多的信息；管理者在做新的决策前了解前次决策的结果。

所有这些是在复杂系统中取得较好绩效所要求的［Dorne 称之为 CPS 基本规则］，也可作为启发能力的表现[49]。Cañas 等认为人们采用的策略往往与环境的特点有关，在 WINFIRE 的模拟情境中采用口头报告法分析被试的策略，发现被试的认知灵活性和适应性是影响绩效的重要因素[50]。研究表明新手可能采用因果链而不是因果网进行推理，同时忽略了决策的副作用等。采用两个模拟情境和出声思维范式进行研究，结果发现专家在知识获得和策略描述上优于新手。研究者认为这是由于新手不能同时考虑几个相互冲突的目标，而专家能有效利用专长知识。

问题解决者的知识和经验会受到文化因素的影响，不同文化下的被试在问题解决过程中的表现不同。跨文化研究者利用 CPS 任务研究文化对问题解决和策略性知识形成的影响。Strohschneider 提出文化至少在五个方面对 CPS 产生影响：对环境的预测和计划性、价值体系、权力距离、个人主义和集体主义等[47]。他进一步采用 Moro 以及 Manutex 等任务情境，发现德国和印度被试在 CPS 过程中在环境预测和计划性方面存在差异。使用 WINFIRE 任务，发现印度、德国和美国的大学生在风险回避方面存在着差异。利用 Syntex 模拟任务发现德国和印尼被试在时间控制等方面存在差异。

4.1.2 文化与科研心理

关于文化如何影响科学的诸多论述中，Merton Thesis（即默顿命题）是其中最有代表性的。结合对"默顿命题"的解读，我们将展开论述文化的影响。

"默顿命题"是美国当代著名社会学家、结构功能主义的代表者之一默顿在其博士论文《17 世纪英国的科学技术与社会》中所论述的观点，主要强调了 17 世纪英国的文化背景和价值观念对科学技术的巨大推动，同时也阐述了经济、军事需要对科学技术的促进作用[51, 52]。

库恩认为"默顿命题实际上是两个来源不同的命题的重合"。第一个命题是 17 世纪的工匠传统和培根所提倡的实验科学的结合，有力地推动了近代科学的实质性变革并使科学更具实用价值；第二个命题是清教主义的流行促进了英国近代科学工作的制度化。这个命题的重要性在于认识到不仅仅是个体的思维而且是社会的制度，不仅仅是有型的制度而且是体现了价值导向的制度共同导致了科学的进步。前文所提的科学中心的转移，更加显性地体现了制度对科学发展的重要性。

一、培根纲领：科学的新思维

对于第一命题，有部分研究者认为，17 世纪的许多学科的实质性变革应归功于理性主义潮流的推动，笛卡尔、斯宾诺莎、莱布尼茨等人的思想是这个思潮的核心，并强调科学的变革是科学领域内部的进化和理性演绎的结果，与工匠传统和经验主义毫无关系，而且认为"培根的朴素的野心勃勃的纲领从一开始就是一个没有结果的幻想"。确实，17 世纪的伟大成就——开普勒的天体运动三大定律、牛顿和莱布尼茨的数学体系以及牛顿的经典力学对自然的解释，无一不体现着人类理性的伟大和美好。但如果说上述科学领域的成就没有经验主义的贡献，却是不符合历史事实的，回溯产生这些成果的历史过程，就会发现经验主义的基础贡献。

一方面从古希腊开始历来不缺理性和思辨，并且在基督教主导欧洲之后，越发陷入不可捉摸的幻象之中，同时代的中国也陷入禅宗的思辨不可自拔。13 世纪，英国的罗吉尔·培根（Roger Bacon）反对经院哲学，提出要面向自然，注重实验，反对盲目崇拜权威的思想，主张证明前人说法的唯一方法是观察和实验。在这样的背景下看，这就具有革命性的意义。如果承认"可证伪性"是科学性的基础，经验主义思潮的发展则为科学补上了硬币的另一面，与思辨思维一起，构成了科学的全貌。

另一方面，17 世纪的经济模式推动了航海事业的大发展，航海的需要促进了天文仪器、计时仪器、力学仪器、观察方法、记录方法的进步，使得精细的观察成为可能，并且也因此积累了大量的数据。同时由于技术进步对经济的促进作用，社会对技术空前地重视起来，许多具有出色思辨能力的贵族（这些贵族在经济发展中受益极大）投身到技术发展中去，技术发展的主力由工匠转变为知识精英，在事实上实现了实验和理论的结合（都集成于同一个人或同一批人）。

英国皇家学会的章程也体现了这种结合，并充满了功利的意味。这份章程写道："……我们明白，再没有什么比提倡有用的技术和科学更能促进这样圆满的政治的实现了。通过周密地考察，我们发现有用的技术和科学是文明社会和自由政体的基础。……因此，我们的理智告诉我们，我们自己在国外旅行的见闻也充分证明：我们只有增加可以促进我国臣民的舒适、健康和提高利润的有用发明，才能有效地发展自然实验哲学，特别是其中同增进贸易有关的部分。"皇家学会的章程是这样写的，其会员也是这样做的。波义耳、牛顿、胡克、哈雷、哈维等科学史上的一代宗师既受实验科学的熏陶，也对实验科学传统的发扬光大作出了重大贡献。牛顿曾自己动手磨制反射镜，制成了一架长约 6 英寸、口径 1 英寸的小型望远镜，并用它观察了木星的卫星和金星的周相。后来他又制造了较大的望远镜，并把它献给了皇家学会。胡克在皇家学会做了不计其数的实验，其中复式显微镜的制作是较为出色的一个。他的《显微术》（*Micrographia*）（1665 年）是最早论述显微观察的专著，详尽地说明了有效使用显微镜的方法[53]。波义耳也是在实验基础上定义了元素的概念，结束元素一词在使用上的混乱状况，为化学学科的建立作出了开创性的贡献。

其次，在 17 世纪的英国，经验主义和功利主义渐成教育的主调，实验科学如物理、化学等逐渐进入大学课堂甚至中学课堂，这主要得益于职业兴趣的转移和教育体制的改革。职业兴趣的转移是全方位的，如军事、艺术、医学、宗教、科学等方面。据统计，诗人和教士的人数在 17 世纪的前 70 年减少了 1.8 倍，而医生和科学家的人数在同期都增长了 1.4 倍。职业兴趣转移的这种实用主义、功利主义倾向使科学成为时尚，以致科学著作甚至出现在贵族夫人的梳妆台上。一时间功利主义成为人们的行为准则，以致有人对自己儿子的忠告是"不要学习任何东西，除非它能帮你谋利"。处于象牙之塔中的英国教育体制也受到功利主义的冲击。培根纲领的积极支持者、清教徒约翰·韦伯斯特（John Webster）建议按彻底的功利原则改造英国大学教育体制，鼓吹在大学用实验科学取代经院式的古典研究，连教士们也要求教徒充分利用今生和来世两个世界，在学习深刻而玄妙的真理之前学习那些最明白、最有用的东西。当时，科学活动只是有闲阶级的业余爱好，难以登上大学讲台。"人们所熟悉的科学活动（如光学、化学、电磁学的研究）的主要根基不在于大学传统，而往往在于已有的技艺之中，它们往往全部严格依赖于由工匠们帮助引进新的科学实验程序和新的仪器。"实行教育体制改革后，大学传统和工匠传统逐渐结合，尽管这种结合是曲折而漫长的，但它毕竟使科学发展进入一个新的阶段。可见，"培根纲领最初尽管缺少思想方面的成果，但仍然是许多重要的现代科学的开端"。

默顿在他的著述中论述了科学与经济、文化、军事等社会因素的关系即科学与其外部因素的关系，但是忽略了科学发展的内部因素，这受到了一些人的挑战。然而，这些挑战的人忽略了一点，科学并不是必然进步的，甚至一切领域都不是必然进步的，参考中国的例子，进步的非必然性已经是显然的了，才智之士愿意投身于科学的进步，而且能够知道怎么样才算是进步，才是进步的基础。脱离了这两点去谈论一个抽象的事业的发展跟禅宗没什么两样。

二、默顿学说的价值

默顿分析问题的范式受到韦伯的《新教伦理与资本主义精神》[54]的强烈影响，这种范式具有多元性、灵活性、突出文化因素的特点，它的影响是深远的，对后人的启发也是多方面的。

第一，默顿所采用的多元分析范式对社会学影响深远。它一方面为社会学提供分析问题的有效方式，另一方面在社会学领域与马克思主义辩证分析方法分庭抗礼。默顿的多元分析承认科学受政治、经济、军事、文化等多重因素的影响，他说："科学的、重大顽强的发展只能发生在一定类型的社会里，该社会为这种发展提供文化和物质两个方面的条件。"但是默顿在其博士论文中的论述如同荡秋千，让人难以把握其左右，其目的是想建立一个不分主次的多元模型，以调和科学外部史中精神史和社会史的对立，否认社会需要和生产方式对科学的决定作用。尽管默顿在其博士论文 1970 年再版序言中多处解释，说清教伦理只是间接地、无意地对科学发挥着潜功能，但他论述的重点是，作为文化价值的新教伦理是新科学的兴起及其组织化的巨大动力[52]。默顿用三分之一的篇幅多侧面反复论述了文化价值（清教主义或其他功能等价物）对科学发展的积极作用。他认为科学"是长时期文化孵化生成的一个娇儿。我们倘若要发现科学的这种新表现出来的生命力，这种新赢得的声望的独特源泉，那就应该到那些文化价值中去寻找"。他在论述经济因素对科学的影响时说，社会需要本身并不能导致发明，许多最需要发明的国家，如亚马孙河流域诸国和印度实际上没有什么发明，所以社会需要对科学发明的促进还要一定的文化背景。其目的是试图证明"17 世纪英国的文化土壤对科学的成长与传播来说是特别肥沃的"。

第二，它引发了对宗教与科学的关系的思考。"默顿命题"的核心内容，是清教伦理推动了科学制度化的进程。虽然引发出很多似是而非的讨论，但是这样的讨论，总会使人们明白科学的价值。

第三，它启发了对科学与社会的互动关系的再认识。"默顿命题"表现的是 17 世纪英国的科学与社会的互动关系，这种关系是非对称的，即科学与其他社会因素的地位和作用是不对称的、不平衡的。17 世纪的科学是社会文化环境中的"娇儿"，而今天的科学和技术以压倒一切的方式支配着社会文化和意识形态的各个方面。这种关系仍然是非对称的。几个世纪以来，科学不仅创造了巨大的社会生产力，使人类步入前所未有的发达阶段，而且为人类的自由和解放，为人类的全面发展开辟了广阔的前景，以致被人们认为是"阿拉丁的洞穴"。但是，当核武器、人口爆炸、环境恶化、生态失衡等威胁人类自身时，人们在惊慌失措中发现这个洞穴里还有一只"潘多拉盒子"。科学的这两难处境是技术理性发展的必然结果。所谓技术理性，是决定人们生活方式的基本文化旨趣，它包括如下基本文化观念：（1）人类征服自然。（2）自然的定量化。它导致用数学结构来阐释自然，使科学知识的产生成为可能，为人类征服自然提供理论工具。（3）有效性思维。它指的是行动中对各种行动方案的正确抉择和对工具效率的追求。（4）社会组织生活的理性化。它包括体力劳动与脑力劳动的分工，生产的科层制等。（5）人类物质需求的先决性。技术理性的这些文化观念已经被现代社会普遍接受，正在执行着一种意识形态的功能。由于技术理性的意识形态化，在科学与社会的互动关系中，科学技术以外的其他因素统统处于被动适应的地位。技术理性的这种特点历来受到人文主义者的激烈批判。他们认为技术理性本身是有意义的，它体现了一系列人类的基本旨趣，然而人生的意义和价值不可能由它来决定，因为它并不体现对人类价值的终极关怀。哈贝马斯的社会交往学说，弗洛姆的技术人道化，萨顿的科学人性化都试图通过对技术理性的批判来遏制它向社会各个领域的渗透。作为技术文明的解毒剂，人文主义对技术理性的批判，为科学的未来发展，为探索科学与社会的互动关系提供了一个新视角。

4.2　科研组织的发展和科学中心的转移

科研组织是由进行同一类科学研究实践活动的科学工作者和科研团队组成的。在历史上，科研组织的形式是科学学会和科学中心。下面我们先考察一下从16世纪至今的科研组织的发展历史。

由于资本主义的萌芽和初步发展，意大利于16世纪中期后成为近代科学活动的中心。那里出现了一批科学家，他们在观察和实验过程中，逐渐认识到通过合作能更有效、更迅速地取得进步，于是创立了第一批科学学会。其中，建于 1603 年的林西研究院（Accademia dei Lincei）中进行了一系列的实验。此外，建于 1657 年的西芒托研究院（Accademia del Cimento）还配备有当时所能获得的所有科学仪器的实验室。

当意大利成为科学活动中心时，科学家聚集在实验室里，以精密的实验方法进行实验研究。他们在学会中聚集起来，对科学进行有价值的探索，推动了实验科学的发展，为以后的科学活动奠定了基础。但是当时科学活动并未得到社会的广泛认同，学会只是在少数王公贵族支持下才建立起来的。随着西班牙的入侵和北欧国家对它商业霸权的强压，意大利的科学在 17 世纪初就衰落了。

17 世纪下半叶后，英国继之成为科学中心。17 世纪初，英国出现了诸如排水、通风等一系列生产技术问题，推动着一些对实用技术和科学感兴趣的商人、贵族、医生和牧师等采取行动，他们聚集起来，相互演示实验和交流彼此的观点。当社会生产提出的课题远远超出个人能力，智力上的切磋和学术上的交流日益重要时，他们的聚会就变得经常化和制度化，导致了一大批科学学会的出现。18 世纪以前，英国学会的核心是皇家学会。学会早期的活动是会员在会议上作报告和论文合著演讲、演示实验，并就有关问题进行讨论和探究，后来建立了一些委员会来指导各部门的活动，并将有关成果收集起来，定期刊发《哲学汇刊》。皇家学会是在国王的特许下成立的，表明科学的社会意义得到了社会的公认，又由于它有自己的章程和宗旨，并将实验作为科学活动的基本方式和评价准则，表明科学家开始形成科学共同体。18 世纪中期以后，一些工业地区的学会为科学与技术的结合作了最初的尝试。比如，名为月社的学会（1766）为波尔顿（Boulton，制造家）、瓦特（Watt，职业工程师）和布莱克（Black，科学家）结合起来解决蒸汽机的改进和制造提供了基础。这一时期，大不列颠皇家学校和私人实验室也占有重要地位，一些从事科学教育的新型大学也积极从事科学活动。

当英国成为科学中心时，学会是当时科学活动的基本组织形式。在学会中，科学家们进行某种程度的交流与合作研究，但科学家主要是凭兴趣选择研究课题，在业余时间以个体方式展开研究活动。科学家必须用从事其他职业的收益来维持其生活和作为研究费用，因此学会不是一个专门的研究机构。随着科学学会的大量涌现，科学活动成为一种重要的社会活动。

18世纪中期后，英国没有建立起科学教育的健全制度，政府也没有给予科学活动资助和组织，这使得皇家学会仅仅是一个官方认可的群众性组织，终因经费短缺和会员缺乏创造力而丧失对科学活动的指导作用，导致英国科学的衰落。

18世纪后期，法国成为科学中心。法国科学活动的兴起和发展，是与建于1666年的巴黎科学院相联系的。这是一个由皇室经办的官方机构。科学院的院士作为一个集体，共同研究皇室大臣交给他们的问题，其年薪和实验研究经费由国库支付。科学院在1699年还把第一批专业科学家即院士职位分成不同等级，并规定每个院士可以配备两名助手和一个学生，从而实行了最早的分工和最早的"研究生导师制"。正是组织上的优势，一些院士在18世纪成为发明创造、技术鉴定及科学发现的实际应用方面的著名权威，从而使巴黎科学院在18世纪中期取代英国皇家学会成为领导科学发展的组织。随着政治、经济的发展，法国社会在18世纪后期面临着一系列急待解决的问题。为消除度量衡方面出现的惊人混乱，法国政府于1791年成立了统一度量衡总局。它是历史上第一个国家科学研究管理机构。为解决国防上的急迫问题，法国政府将一些科学家吸收到政府的研究机构中从事科学研究。比如，拉瓦锡（Lavoisier）领导了一个政府兵工厂的实验室。最为重要的是，为了发展经济，法国政府于1794年建立了一系列工程、师范、医务和军事学校。这些学校在培养大批工程技术干部和科学干部的同时，还开展了大量的科学活动。比如，综合技术学校设立了实验室，进行了系统的基础科学研究；高等师范学校带动了中学教师普遍参加科学工作，由此带来了1815—1825年法国理论研究的新高潮。当法国处于科学中心时，虽然以个体方式进行科学活动仍十分流行，但与上一时期英国科学活动在松散的学会里进行不同，法国科研组织形式呈现如下特点：科学家在由政府创办的专门科学研究机构和教育机构里从事小规模的集体研究，并以一种制度化的方式培养年轻科学家，科学研究活动向职业化迈出了第一步；科学研究活动及其应用开始受到政府的管理指导。

在拿破仑执政期间，法国政府加强了对科学教育和科学研究组织的控制，并于1808年对科学教育机构进行了改革。改革后的大学丧失了自治权，成为专业性的职业教育机构，科学研究则集中在与大学相分离的科学院系统里进行。政府的控制和改革措施使法国科研组织形式在19世纪30—40年代成为一种缺少活力的范式，能够有效地适应这种体制的只有少数科学家，各机构之间缺乏积极的竞争、研究同教学相分离以及不鼓励专业化，这些情况使法国科学在面对德国的挑战时，不能保持它的领导地位。

19世纪30年代后，德国成为科学中心。19世纪，自然科学从以收集材料为主的经验阶段过渡到以整理材料为主的理论阶段，并且科学理论走在了技术的前面，指导技术的发明创新。传统的科研组织形式因僵化、简单难以适应科学研究和技术发展的新形势，必须进行变革。德国科研组织的变革始于大学改革，1810年建立的柏林大学发挥了先导作用。柏林大学的指导思想是，尊重自由的学术研究，大学有其自主性；政府应为研究工作提供设备和条件，而不能指望大学直接为它的利益服务。柏林大学建立后，德语地区大学的整个系统都仿效它进行革新，这个过程导致大学实验室的出现。其中李比希（Liebig）于1826年建立的吉森大学化学实验室是最早的。在设备良好的实验室里，一大批从事研究的学生在李比希的指导下工作，开创了将现代实验组织和教育相结合的范例。这一成功经验很快在其他实验科学中得到推广，从而涌现出一大批将教学和研究结合起来的实验室，如柏林大学的物理实验室。在大学实验室里，名师和他们指导的学生共同致力于研究，有意识地进行科学情报的交流，逐步形成了紧密的关系网络，导致了一系列科学学派的出现。科学学派的出现，开辟了一个能在某个领域中审慎调配和加强力量，从而大大提高研究效率的时代。面对科学日益分化和专业化，19世纪下半叶，德国大学还出现了专门的科学研究所。大学实验室的出现，标志着科学研究工作开始成为一种正式职业。

随着德国工业化进程的展开，科学与技术、经济、社会密切地联系起来了，要求科学研究突破大学的结构，并入工业企业。19世纪60年代，德国的合成染料工厂开始了最初的工业研究，并于80年代建立起了德国第一批工业研究实验室。比如，拜耳（Bayer）的苯胺染料公司于1890年成立了研究部，以后又成立了专业实验室及辅助机构。受化学工业的影响，德国先进的电气工业、钢铁工业等部门因与科学联系密切，也建立了一系列实验室。工业研究实验室的建立，导致了科学研究的分工：大学主要从事基础研究，企业承担应用研究。在分工的基础上，大学和企业也加强了彼此的合作，不但高等院校建立了一些面向工业的实验室，企业也积极支持高校的科研工作，与科学家一道成立了一些应用科学的协会。

科学的发展及其在工业上的应用，迫切需要政府承担起对科学的责任。为此，德国政府建立了一些研究和行政职能相结合的机构，如标准委员会，而且还于19世纪后期建立起一系列政府实验室。第一个政府实验室是1887年建立的国家物理技术研究所。该所由政府和经济界联合创办，下设有科研部，对德国成为科学中心起了重大作用。为鼓励科学研究，德国政府还于1920年建立了德国科学联合会。联合会成立了一系列专业委员会来组织那些依靠国家资金进行的私人合作性质的研究工作。

　　在 20 世纪初的德国，那些与科学技术联系密切的工业部门中的垄断集团，指靠新的科学成果来加快其发展，还出资建立了一些非营利机构。这些非营利机构一开始就积极与高等院校、工业实验室建立联系。比如，凯撒威廉学会通过订货制度与工业界建立了密切联系，其所属的科学研究所，既进行大量的基础研究，也从事应用科学研究。德意志科学促进慈善会在资助工业中的研究工作的同时，还支持基础科学研究和教育。

　　当德国成为科学中心时，科研组织形式发生了重大变革。上一时期的法国，科研活动主要集中在科学教育机构、巴黎科学院和少数政府实验室，即使在这些专门的研究机构中，科学家进行的合作研究也十分有限，业余的和孤立的研究方式仍然十分普遍。此时的德国，大学建立起有自己全套设备和科学人员以及辅助人员的研究实验室，集体形式的研究在大学里得到普遍推广；科学家和工程师在工业实验室里以集体方式从事科学应用于生产的工作；为国家和工业的长远利益，还出现了政府实验室和非营利机构。总之，科研组织已初步形成相对独立的四大系统：大学、工业实验室、政府实验室和非营利机构。它们之间实现了初步结合。

　　随着科学的发展，德国科研组织暴露出一些内部隐患。首先，德国大学内部结构日益陈旧。垄断了授予权的教授没有给那些在新的研究领域取得成果的研究所的负责人或学术带头人授予教授职位，从而限制了新研究领域的发展和旧研究领域的分化。此外，当希特勒掌权后，用一套僵化的模式管理科研系统。它不但没能在全国范围内使研究体制协调起来，而且还破坏了大学的自治，因统一模式而丧失优势，是导致德国科学衰落的决定性原因。

　　在 20 世纪 20 年代以后，德国科学衰落，而美国继之成为科学中心。20 世纪以来，科学技术发展进入大科学时代，呈现如下一些特征：自然科学的发展呈现出整体化趋势；科学技术与生产向一体化方向发展；研究开发与社会经济联系密切，涉及因素众多，需要各种学科、多方面机构联合才能实现；科学技术成为有计划的事业。为适应现代科学技术发展的特点，美国的科研组织四大系统在 20 世纪以后得到了巨大发展。

政府大型科学中心 在 20 世纪前期，美国的政府实验室有着数量多、规模小的特点，但二战后发生了巨大变革。此时，美国政府认识到科学技术的重要性，并把发展基础研究看作国家的重任，为此设立了一系列专门的科技管理部门。这些科技管理部门为了完成一些大型的综合项目的研究，又创立了一系列联邦合同研究中心。比如，橡树岭研究所就是原子能委员会（1946）建立的。联邦合同研究中心由政府资助，根据合同由大学或其他政府组织管理，进行综合性的研究与发展工作，同时根据政府的委托，管理大规模的研究项目。这类研究机构有着科学资源高度集中的特点。此外，美国政府还于 1950 年成立了国家科学基金会。它除了资助以高校为主的学术机构的基础研究外，还支持前沿领域的科学研究，为此建立了一些大型研究中心。

高校科研机构 美国高校的科学研究始于 19 世纪后期，二战后获得重大发展。由于科学的整体化趋势加强，自 20 世纪 60 年代以来，美国高校建立了一系列跨系或跨学科的实验室及研究中心。这些跨系实验室有着多学科的科学家和工程师，开展多学科的综合研究。为加强工业企业和高校的联系，一些大学和理工学院在同一时期还在国家的资助下建立起了技术实验站。之后，国家科学基金会根据"工业—大学合作研究计划"，在大学设立了把工业和教学在组织上结合起来的工程研究中心。为适应科学和技术的一体化趋势，政府在个别高校建立了一些高级研究中心，进行某些学科的高水平的基础研究和应用研究相结合的工作。

工业研究机构 美国的第一批工业实验室出现于 19 世纪后期，设在公司总部。随着公司管理日益分散化，美国工业研究机构也不断发展，并于 19 世纪 60 年代发生重大变革。此时，业务经营范围跨各个行业、各个部门的综合性大公司纷纷出现。为保障生产各个阶段和各个方面的顺利进行，探索改进公司各类产品的途径和手段，大公司发展了生产部的下属研究实验室；为了以科学研究促进未来产品的开发，同时协调下属研究机构，大公司还加强了在总部设立科学中心，于是大公司的研究机构广泛采用了"科学中心—生产部实验室"的模式。比如，通用汽车公司在总部设有工艺中心，每个生产部还设有科学研究实验室或中心。此外，美国还拥有大量专门从事科研工作的中小型公司。由于在新兴工业部门里，基础研究上升到科学—技术—生产的主角地位，于是高校学者在大学附近建立高技术公司日渐盛行，工业公司也在著名大学或政府大型研究中心周围建立了一系列的实验室、试验设计局、高技术公司，从而在 20 世纪 50 年代后出现了将工业研究与大学结合起来的新的组织形式——科学工业园区。它们在一个广泛的系统内，为科学、技术与生产的一体化提供了组织保障。

非营利机构　非营利机构可分为私人基金会和非营利研究机构两大类。它们都出现于 20 世纪初。美国影响最大的私人基金会是洛克菲勒基金会 [55]。研究人员得不到私人工业或政府的及时支援时，可以得到私人基金会的资助，从而有效地组织和调动了分散在社会上的科研力量。最大的非营利研究机构是巴特尔研究所。它们根据合同开展研究工作，但不从工作中提取利润。非营利组织在美国最大的发展是出现了咨询机构即思想库。它们是在科学技术方面的工作变得越来越复杂，需要给予特别支持的情况下产生的。最著名的咨询机构是 1948 年成立的兰德公司。

美国科研组织的四大系统在其产生和发展的过程中，就不断地进行着相互的结合，但这种结合取得突破性进展却始于二战期间。当时美国的科学与研究发展局，根据美国科研机构分散管理的特点，广泛采用了同工业企业、大学以及非营利机构签订合同和提供研究资助的方法来动员战时的科技资源，建立起了庞大的为军事服务的科研体系。二战后，科研工作的综合性和课题的复杂性进一步增强，迫切需要政府肩负起资助和组织科学技术研究的责任。为此，美国政府建立起了

"官民联合体制"：国家制定科学技术发展的具体目标，通过签订合同和提供研究资助的方法，组织政府、大学和私人企业的研究组织以及非营利机构在一定期间齐心协力、分工合作，进行攻关式的研究开发活动。此时，美国科研组织四大系统之间的结合已经常态化、制度化。当美国成为科学中心时，科研组织形式有了巨大发展。上一时期的德国，科研组织四大系统刚刚形成，不但各类研究机构规模较小，而且相互间的结合还是初步的。而此时的美国，不但传统的单一学科结构的政府实验室有了进一步发展，而且还建立了以科学资源高度集中为特点的政府大型科研中心；大学发展了研究机构分支网，除传统的实验室外，还有各种跨学科、跨系的实验室和研究中心，以及大量将基础研究和应用研究结合起来的技术推广实验室和工程研究中心；除传统的工业实验室外，还出现了"科学中心—生产部实验室"系统，专门从事科研工作的中小型公司，以及科学工业园区；传统的非营利机构除了在数量上有较大增长、规模大幅度扩大外，还出现了咨询机构。科研组织四大系统的结合已经常态化和制度化。

总之，随着科学的发展，世界的科学中心发生过几次重大的转移。20 世纪 30 年代，美国科学社会学家默顿运用定量研究方法研究了科学兴趣中心转移的现象 [51]。到 50 年代，英国科学家 Bernal（1954）和 Dampier（1947）先后研究了科学活动的分期与科学活动中心转移的规律 [56, 57]。不过，他们使用的都是定性研究方法。受默顿所用方法和 Bernal 研究选题的启发 [56]，日本科学史家汤浅光朝（1962）在科学活动中心转移的研究方面取得突破性进展 [58]。基于 Heibonsha 编纂的"科学和技术编年表"和 Webster 的人名词典 [59]，运用统计方法，汤浅发现了世界科学中心转移的量化规律，在科学学上被称为"汤浅现象"（Phenomenon of Yuasa）。从整体上看，科学中心转移的顺序是：意大利→英国→法国→德国→美国。

导致科学中心发生转移的因素有很多，如：文化的震荡、社会的变革、经济的快速增长、新学科群的崛起、科学家的集体流动等。这些因素通过科研组织的形态变化，导致相应的科研成果的变化。

从以上的分析可知，随着科学中心的转移，科研组织形式经历了如下演变过程：从 16 世纪上半叶至 18 世纪上半叶，近代科学处于萌芽和初步发展时期，此时松散的学会是科学活动的基本组织形式。从 18 世纪下半叶至 19 世纪上半叶，由于科研仪器昂贵复杂和科学活动规模日益扩大，政府创办的科学院、专门的实验室以及教育机构成为当时最重要的科研组织形式，并开始出现小规模的集体研究和科学活动的职业化。自 19 世纪初至 20 世纪初，科学发展到理论阶段，并指导技术的发明创新，此时的科研组织形式已发展成为由高等院校、政府实验室、工业实验室和非营利机构组成的四大系统，且相互间进行了初步结合，集体研究已成为普遍形式，科学活动已完成职业化。从 20 世纪初至现在，科学已由小科学发展成为大科学，此时科研组织的四大系统获得了巨大发展，主要的科研组织不但规模巨大、结构复杂，而且有着科学资源高度集中、从事大型综合项目研究的特点，科研组织四大系统的结合已经制度化。

参考文献

[1] Needham C D, Rogan M C, McDonald I. Normal standards for lung volumes, intrapulmonary gas-mixing, and maximum breathing capacity[J]. *Thorax*, 1954, 9（4）: 313-325.

[2] Nisbett R E, Peng K, Choi I, et al. Culture and systems of thought: holistic versus analytic cognition[J]. *Psychological Review*, 2001, 108（2）: 291310.

[3] Nisbett R E, Masuda T. Culture and point of view[J]. *Proceedings of the National Academy of Sciences*, 2003, 100（19）: 11163-11170.

[4] Ji L, Peng K, Nisbett R E. Culture, control, and perception of relationships in the environment[J]. *Journal of Personality and Social Psychology*, 2000, 78

（5）：943-955.

[5] Morris M W, Peng K. Culture and cause: American and Chinese attributions for social and physical events[J]. *Journal of Personality and Social Psychology*, 1994, 67（6）: 949-971.

[6] Ji L, Zhang Z, Nisbett R E. Is it culture or is it language? Examination of language effects in cross-cultural research on categorization[J]. *Journal of personality and social psychology*, 2004, 87（1）: 57-65.

[7] McKone E, Davies A A, Fernando D, et al. Asia has the global advantage: Race and visual attention[J]. *Vision Research*, 2010, 50（16）: 1540-1549.

[8] Lin Z, Han S. Self-construal priming modulates the scope of visual attention[J]. *The Quarterly Journal of Experimental Psychology*, 2009, 62（4）: 802-813.

[9] Miyamoto Y, Yoshikawa S, Kitayama S. Feature and configuration in face processing: Japanese are more configural than Americans[J]. *Cognitive Science*, 2011, 35（3）: 563-574.

[10] Masuda T, Nisbett R E. Attending holistically versus analytically: Comparing the context sensitivity of Japanese and Americans[J]. *Journal of Personality and Social Psychology*, 2001, 81（5）: 922-934.

[11] Chua H F, Leu J, Nisbett R E. Culture and diverging views of social events[J]. *Personality and Social Psychology Bulletin*, 2005, 31（7）: 925-934.

[12] Masuda T, Ellsworth P C, Mesquita B, et al. Placing the face in context: cultural differences in the perception of facial emotion[J]. *Journal of Personality and Social Psychology*, 2008, 94（3）: 365-381.

[13] Evans K, Rotello C M, LI X, et al. Scene perception and memory revealed by eye movements and receiver-operating characteristic analyses: Does a cultural difference truly exist? [J]. *The Quarterly Journal of Experimental Psychology*, 2009, 62（2）: 276-285.

[14] Rayner K, Castelhano M S, Yang J. Eye movements when looking at unusual/

weird scenes: Are there cultural differences? [J]. *Journal of Experimental Psychology*: *Learning*, *Memory*, *and Cognition*, 2009, 35（1）: 254-259.

[15] Rayner K, Li X, Williams C C, et al. Eye movements during information processing tasks: Individual differences and cultural effects[J]. *Vision Research*, 2007, 47（21）: 2714-2726.

[16] Stroop J R. Studies of interference in serial verbal reactions[J]. *Journal of Experimental Psychology*, 1935, 18（6）: 643-662.

[17] Kitayama S, Ishii K. Word and voice: Spontaneous attention to emotional utterances in two languages[J]. *Cognition & Emotion*, 2002, 16（1）: 29-59.

[18] Kitayama S, Markus H R, Kurokawa M. Culture, emotion, and well-being: Good feelings in Japan and the United States[J]. *Cognition & Emotion*, 2000, 14（1）: 93-124.

[19] Markus H R, Kitayama S. Culture and the self: Implications for cognition, emotion, and motivation[J]. *Psychological Review*, 1991, 98（2）: 224-253.

[20] Ishii K, Reyes J A, Kitayama S. Spontaneous attention to word content versus emotional tone: Differences among three cultures[J]. *Psychological Science*, 2003, 14（1）: 39-46.

[21] Alansari B, Baroun K. Gender and cultural performance differences on the Stroop Color and Word test: A comparative study[J]. *Social Behavior and Personality*: *an International Journal*, 2004, 32（3）: 235-245.

[22] Duffy S, Toriyama R, Itakura S, et al. Development of cultural strategies of attention in North American and Japanese children[J]. *Journal of Experimental Child Psychology*, 2009, 102（3）: 351-359.

[23] Fernald A, Morikawa H. Common themes and cultural variations in Japanese and American mothers' speech to infants[J]. *Child Development*, 1993, 64（3）: 637-656.

[24] Tardif T, Shatz M, Naigles L. Caregiver speech and children's use of nouns versus verbs: A comparison of English, Italian, and Mandarin[J]. *Journal of*

Child Language, 1997, 24（3）: 535-565.

[25] Tardif T, Gelman S A, Xu F. Putting the "noun bias" in context: A comparison of English and Mandarin[J]. *Child Development*, 1999, 70（3）: 620-635.

[26] Doherty M J, Tsuji H, Phillips W A. The context sensitivity of visual size perception varies across cultures[J]. *Perception*, 2008, 37（9）: 1426-1433.

[27] Blais C, Jack R E, Scheepers C, et al. Culture shapes how we look at faces[J]. *PloS one*, 2008, 3（8）: e3022.

[28] Masuda T, Nisbett R E. Culture and change blindness[J]. *Cognitive Science*, 2006, 30（2）: 381-399.

[29] Gutchess A H, Welsh R C, Boduroğlu A, et al. Cultural differences in neural function associated with object processing[J]. *Cognitive, Affective & Behavioral Neuroscience*, 2006, 6（2）: 102-109.

[30] Kitayama S, Duffy S, Kawamura T, et al. Perceiving an object and its context in different cultures: A cultural look at new look[J]. *Psychological Science*, 2003, 14（3）: 201-206.

[31] Hedden T, Ketay S, Aron A, et al. Cultural influences on neural substrates of attentional control[J]. *Psychological Science*, 2008, 19（1）: 12-17.

[32] Geary D C, Salthouse T A, Chen G, et al. Are East Asian versus American differences in arithmetical ability a recent phenomenon? [J]. *Developmental Psychology*, 1996, 32（2）: 254-262.

[33] Hedden T, Park D C, Nisbett R, et al. Cultural variation in verbal versus spatial neuropsychological function across the life span[J]. *Neuropsychology*, 2002, 16（1）: 65-73.

[34] Stigler J W, Lee S, Stevenson H W. Digit memory in Chinese and English: Evidence for a temporally limited store[J]. *Cognition*, 1986, 23（1）: 1-20.

[35] Chen C, Stevenson H W. Cross-linguistic differences in digit span of preschool children[J]. *Journal of Experimental Child Psychology*, 1988, 46（1）: 150-158.

[36] Chincotta D, Underwood G. Digit span and articulatory suppression: A cross-linguistic comparison[J]. *European Journal of Cognitive Psychology*, 1997, 9 (1): 89-96.

[37] Cheung H, Kemper S. Recall and articulation of English and Chinese words by Chinese-English bilinguals[J]. *Memory & cognition*, 1993, 21 (5): 666-670.

[38] Hedden T, Park D. Aging and interference in verbal working memory[J]. *Psychology and Aging*, 2001, 16 (4): 666-681.

[39] Park D C, Nisbett R, Hedden T. Aging, culture, and cognition[J]. *The Journals of Gerontology Series B: Psychological Sciences and Social Sciences*, 1999, 54 (2): 75-84.

[40] Imbo I, LeFevre J. The role of phonological and visual working memory in complex arithmetic for Chinese-and Canadian-educated adults[J]. *Memory & Cognition*, 2010, 38 (2): 176-185.

[41] Trbovich P L, LeFevre J. Phonological and visual working memory in mental addition[J]. *Memory & Cognition*, 2003, 31 (5): 738-745.

[42] Lee K, Kang S. Arithmetic operation and working memory: Differential suppression in dual tasks[J]. *Cognition*, 2002, 83 (3): B63-B68.

[43] Gerdes J, Dörner D, Pfeiffer E. The interactive computer simulation "WINFIRE" Otto-Friedrich-Universität Bamberg: Lehrstuhl Psychologie II, 1993.

[44] Reichert U, Dörner D. *Heurismen beim Umgang mit einem"einfachen" dynamischen System*[M]. Bamberg, 1987.

[45] Mackinnon A J, Wearing A J. Systems analysis and dynamic decision making[J]. *Acta Psychologica*, 1985, 58 (2): 159-172.

[46] Dörner D, Wearing A. Complex problem solving: Toward a (computer-simulated) theory[M]//. *Complex problem solving: The European perspective*, Lawrence Erlbaum Associates, Inc.1995: 65-99.

[47] Strohschneider S, Guss D. The fate of the Moros: A cross-cultural exploration

of strategies in complex and dynamic decision making[J]. *International Journal of Psychology*, 1999, 34（4）: 235-252.

[48] Brehmer B, Dörner D. Experiments with computer-simulated microworlds: Escaping both the narrow straits of the laboratory and the deep blue sea of the field study[J]. *Computers in Human Behavior*, 1993, 9（2）: 171-184.

[49] Hao J, Dorne R. Study of genetic search for the frequency assignment problem[C]. European Conference on Artificial Evolution, Springer, 1996.

[50] Cañas A J, Coffey J W, Carnot M, et al. A summary of literature pertaining to the use of concept mapping techniques and technologies for education and performance support Report to the Chief of Naval Education and Training, 2003.

[51] Merton R K. *Social theory and social structure*[M]. Simon and Schuster, 1968.

[52] 罗伯特·金·默顿. 十七世纪英格兰的科学、技术与社会 [M]. 商务印书馆, 2000.

[53] Hooke R. *Micrographia: or some physiological descriptions of minute bodies made by magnifying glasses, with observations and inquiries thereupon*[M]. Courier Corporation, 2003.

[54] 马克斯·韦伯. 新教伦理与资本主义精神 [M]. 广西师范大学出版社, 2007.

[55] Fosdick R B. *The story of the Rockefeller Foundation*[M]. Transaction Publishers, 1952.

[56] Bernal J D. *Science in history: the scientific and industrial revolutions*[M]. Cambridge, Massachusetts: The MIT Press, 1986.

[57] Dampier S W C. *Historia resumida de la ciencia*[M]. Emecé Editores, 1947.

[58] 汤浅光朝. 科学活动中心的转移 [J]. 科学与哲学, 1979（2）: 53-73.

[59] Neilson W. *Webster's biographical dictionary*[M]. G & C. Merriam Co, 1972.